JOHANNES HÖSLE / CESARE PAVESE

JOHANNES HÖSLE

# CESARE PAVESE

1961

WALTER DE GRUYTER & CO. / BERLIN

vormals G. J. Göschen'sche Verlagshandlung · J. Guttentag, Verlagsbuchhandlung · Georg Reimer · Karl J. Trübner · Veit & Comp.

Printed in Germany. — Gedruckt bei Berliner Buchdruckerei „Union" GmbH.

## VORBEMERKUNG

Die vorliegende Arbeit möchte eine Lücke in der Forschung über die italienische Literatur der ersten Hälfte des zwanzigsten Jahrhunderts schließen, denn obwohl Cesare Pavese im letzten Jahrzehnt auch außerhalb Italiens ein verbreitetes Echo fand — wieviel ich der bisherigen Pavese-Kritik verdanke, geht aus den Anmerkungen hervor —, fehlte bis heute noch eine eingehende Untersuchung über die Persönlichkeit und das Schaffen dieses wohl bedeutendsten italienischen Erzählers der letzten Jahrzehnte: ihm gelang eine in der italienischen Literatur der vergangenen hundert Jahre nur selten gelungene Synthese von bodenständiger Dichtung und Weltliteratur, so daß er bereits ante litteram zur Wiedergeburt des italienischen Geisteslebens im Zeichen des Neorealismo beitrug.

Besonderen Dank schulde ich neben Paveses Nachlaßverwalter, Herrn Dr. Italo Calvino, meinem Freund Dr. Giorgio Dolfini, dem ich mich für zahlreiche bibliographische Anregungen verpflichtet weiß.

*Mailand, im April 1961* *Johannes Hösle*

# INHALT

# TURIN 1930

> D'un tratto gridò
> che non era il destino se il mondo soffriva,
> se la luce del sole strappava bestemmie:
> era l'uomo, colpevole.
>
> (Lavorare stanca: Fumatori di carta)

Cesare Paveses plötzlicher Tod — der Dichter nahm sich im August 1950 auf dem Gipfel seines Erfolgs im Alter von 42 Jahren in einem Turiner Hotel mit Schlaftabletten das Leben — lieferte einen der zurückhaltendsten Schriftsteller seiner Zeit vorübergehend dem journalistischen Betrieb und unergiebigen Spekulationen über das Warum und Wozu seiner letzten Geste aus. Anstatt in diesem jähen Ende lediglich den nahezu folgerichtigen Abschluß einer ganzen Existenz zu sehen, wollten einige Nekrologe in dem freiwilligen Tod des Dichters einen Protest gegenüber einer lieblosen Welt erblicken und betrachteten Pavese als Opfer seiner Zeit und als Märtyrer seiner Generation. Diese Stimmen sind noch nicht verstummt,[1] obwohl die Veröffentlichung von Paveses Tagebuch unter dem Titel «Il mestiere di vivere»[2] deutlich genug zeigte, daß Pavese wie Kleist in Wirklichkeit auf Erden nicht zu helfen war.

Es gibt wenige Dichterbiographien, die so arm an äußeren Daten sind wie die Paveses: er ist am 9. September 1908 in Santo Stefano Belbo in den Langhe als Sohn eines Justizbeamten geboren. Im Norden Turin mit den Lockungen der Großstadt, die der scheue Provinzler zeit seines Lebens wie eine Geliebte umschwärmte, im Süden das Mittelmeer mit seinen zu Abenteuer und Aufbruch mahnenden Horizonten, bilden das Spannungsfeld, in dem sich der Dichter von der frühen Kindheit an bis zu seinem Tode bewegte. Santo Stefano im Belbotal mit seinen sanften, hohen und grünen Hügeln blieb für Pavese stets der Ort des Ursprungs, an den er sich zurückzog, wenn er sich zu verlieren glaubte,

---

[1] So macht noch Arrigo Repetto «die Welt gleichgültiger und verantwortungsloser Menschen» für das Ende Paveses verantwortlich (Pavese, o della solitudine del personaggio: Presenza, Aug./Sept. 1958, S. 17—44).

[2] Die ital. Ausgabe erschien erstmals 1952 mit dem Untertitel Diario 1935 a 1950, die deutsche Ausgabe (Das Handwerk des Lebens — Tagebuch 1935 bis 1950) besorgte Charlotte Birnbaum. Ich zitiere das Tagebuch (im Text abgekürzt Tg.) nach der deutschen Übersetzung, abgesehen von den wenigen Ausnahmen, wo der italienische Wortlaut falsch interpretiert wurde. Einige Mißverständnisse der Übersetzerin führe ich in meinem Aufsatz «Schicksal und Mythos bei C. P.» (Schweizer Monatshefte, Juli 1959) an.

oder wenn er sich von der Welt verletzt fühlte. Auch als sich Pavese um 1930 als Student der Philosophischen Fakultät der Turiner Gruppe antifaschistischer Schriftsteller anschloß, änderte sich nichts Grundsätzliches an dieser Haltung. Ja, der Dichter machte sich aus seiner Unfähigkeit zu tatkräftigem politischem Engagement ein schlechtes Gewissen, so daß er in seiner menschenscheuen Veranlagung ein bald stolz bejahtes, bald als Last empfundenes Verhängnis sah. Eines der seltenen Zeugnisse über den jungen Pavese der frühen dreißiger Jahre übermittelt uns eine enge Bekannte des Dichters, Natalia Ginzburg,[3] die eines der überzeugendsten Porträts des Dichters entworfen hat. Es dürfte ein für allemal die Ansicht zerstreuen, die Gesellschaft seiner Zeit sei verantwortlich für den Tod eines Menschen, der bereits als Halbwüchsiger den ersten Selbstmordversuch anstellte und sich seinen Lebensweg bald nach einem geradezu abergläubisch anmutenden Schema vorzeichnete:

«Unsere Stadt ähnelt — wir merken es jetzt — dem verlorenen Freund, der sie liebte. Sie ist wie er war: emsig, verbissen in eine fieberhafte und hartnäckige Betriebsamkeit und zugleich träg und aufgelegt zu Müßiggang und Träumereien. In der Stadt, die ihm ähnelt, spüren wir unseren Freund wieder ins Leben zurückkehren, wohin wir auch gehen; in jedem Winkel, an jeder Straßenecke kommt es uns vor, als könne plötzlich seine hohe Gestalt mit dem dunklen Mantel, dem hinter dem Kragen versteckten Gesicht und der über die Augen gezogenen Mütze erscheinen. Der Freund durchmaß die Stadt mit seinem langen, hartnäckigen und einsamen Schritt; er verkroch sich in die abgelegensten und verqualmtesten Cafés, warf schnell Mantel und Hut von sich, behielt aber seinen häßlichen hellen Schal um den Hals; er ringelte sich die langen Locken seines kastanienbraunes Haars um die Finger und zerraufte sich dann auf einmal mit einer blitzartigen Bewegung seine Mähne. Er füllte Blatt um Blatt mit seiner breiten und schnellen Schrift, strich wütend durch und feierte in seinen Versen die Stadt:

«Dies ist der Tag, an dem die Nebel aus dem Flusse steigen.
In der schönen Stadt, inmitten von Wiesen und Hügeln.
Und sie wie eine Erinnerung dämpfen . . .»

Er war manchmal sehr traurig, aber wir dachten, er werde von dieser Traurigkeit genesen, wenn er sich dazu entschließe, erwachsen zu werden, seine Traurigkeit kam uns nämlich vor wie die eines Jungen, der die Erde noch nicht berührt hat und sich in der trockenen und einsamen Welt seiner Träume bewegt. Manchmal kam er uns am Abend besuchen; er saß bleich mit seinem Schal um den Hals da, und er ringelte sich die Haare und zerknitterte ein Blatt Papier: den ganzen Abend sagte er kein einziges Wort, er antwortete auf keine unserer Fragen.

[3] La triste estate di Cesare Pavese (Radiocorriere TV, 3./9. Aug. 1958).

Schließlich packte er urplötzlich den Mantel und ging weg. Wir fragten uns gedemütigt, ob ihn unsere Gesellschaft enttäuscht habe, ob er versucht habe, sich in unserer Nähe aufzuheitern, ohne daß es ihm gelungen sei oder ob er sich einfach vorgenommen habe, den Abend unter einer Lampe zuzubringen, die nicht die seine war.

Übrigens war es nie leicht, mit ihm ein Gespräch zu führen, auch nicht, wenn er sich lustig gab, aber eine Begegnung mit ihm — auch wenn sie nur aus wenigen Worten bestand — konnte belebend und anregend sein wie keine andere. In seiner Gesellschaft wurden wir viel klüger; wir fühlten uns dazu getrieben, in unsere Worte das Beste und Ernsteste zu legen, das wir hatten, wir warfen die Gemeinplätze, die ungenauen Gedanken, das Widersprüchliche von uns.

Er hatte nie eine Frau oder Kinder oder ein eigenes Heim. Er wohnte bei einer verheirateten Schwester, die ihn sehr gern hatte, und die auch er sehr gern hatte, aber er gebrauchte im Familienkreis seine üblichen rauhen Umgangsformen und benahm sich wie ein Junge oder ein Fremder. Er kam manchmal in unsere Häuser, betrachtete mit griesgrämigem und gutmütigem Gesicht die Kinder, die wir bekamen, die Familien, die wir gründeten; auch er dachte daran, sich eine Familie zu gründen, aber er dachte auf eine Art und Weise daran, die im Lauf der Jahre immer komplizierter und verquälter wurde, so verquält, daß daraus keine einfache Schlußfolgerung entspringen konnte. Er hatte sich im Lauf der Jahre ein so verwickeltes und unerbittliches System von Gedanken und Prinzipien geschaffen, daß es ihm unmöglich wurde, auch nur das Einfachste zu verwirklichen, und je unzugänglicher und unmöglicher jene einfache Wirklichkeit wurde, desto tiefer wurde in ihm der Wunsch, sie zu erobern, obwohl sie sich immer mehr verstrickte und verzweigte wie eine verschlungene und erstickende Vegetation. Er war für uns kein Meister, obwohl er uns so viel gelehrt hatte, denn wir sahen sehr wohl die absurden und verquälten Verstrickungen seines Denkens, in denen er seine einfache Seele sich verfangen ließ; und auch wir hätten ihn gerne etwas gelehrt, hätten ihn gerne gelehrt, auf ursprünglichere und weniger erstickende Weise zu leben, aber es gelang uns nie, ihn etwas zu lehren, denn wenn wir versuchten, ihm unsere Gründe auseinanderzusetzen, erhob er eine Hand und sagte, er wisse schon alles.»

Es ist bewundernswert und vor allem das Verdienst seiner Freunde, wenn Pavese trotz seiner unglücklichen Veranlagung überhaupt den Anschluß an das literarische Leben seiner Zeit fand und bereits 1930 seinen ersten Aufsatz zur amerikanischen Literatur veröffentlichen konnte.

Die wirtschaftliche Lage Italiens nach dem Ersten Weltkrieg hatte zu zahlreichen sozialen Unruhen geführt, und in Turin kam es 1920 sogar zur Besetzung der Fiat-Werke durch Arbeiterausschüsse. Der führende Kopf der italienischen kommunistischen Partei und Gründer der Tageszeitung «Unità», der Sarde Antonio Gramsci, der 1936 nach jahrelanger Kerkerhaft starb, war in den frühen zwanziger Jahren in Turin tätig, wo er die Zeitschrift «Ordine Nuovo» leitete. Theaterkritiker des «Ordine Nuovo» war Piero Gobetti (1901—1926), der sich im Anschluß an seinen piemontesischen Landsmann Vittorio Alfieri zu einem polemischen und individualistischen Liberalismus bekannte. In den Heften seiner Zeitschrift «Rivoluzione liberale» (die erste Nummer erschien im Februar 1922) wandte sich der junge Politiker energisch gegen den Faschismus: er sah in der Bekämpfung des entstehenden italienischen Nationalismus nicht nur ein moralisches und ideologisches Problem, sondern auch eine Frage des Stils.[4] Gobetti «stellte sich noch einmal das beängstigende Problem, das die großen politischen Denker des vergangenen Jahrhunderts von Tocqueville bis Burckhardt beunruhigt hatte: wie kann man die Massen am politischen und sozialen Leben der großen modernen Staaten teilnehmen lassen, ohne Gefahr zu laufen, in Cäsarismus oder Tyrannei zu verfallen»,[5] denn er hoffte durch eine Miteinbeziehung des Proletariats in das politische Leben das italienische Risorgimento, das vor allem eine Angelegenheit des liberalen Bürgertums geblieben war, organisch fortzusetzen und folgerichtig abzuschließen. Kurz nach der Ermordung des sozialistischen Abgeordneten Giacomo Matteotti durch die Faschisten (1924), die unter anderem den Protest Benedetto Croces auslöste, wurde auch Gobetti von einer Gruppe Faschisten überfallen und mißhandelt. Die Zeitschrift «Rivoluzione liberale» mußte ihr Erscheinen einstellen, und der körperlich nicht sehr widerstandsfähige junge Mann, der seitdem an Kompensationsstörungen litt, emigrierte nach Paris, von wo aus er seine politische Kampagne gegen das faschistische Italien zu leiten hoffte, aber wenige Wochen nach seiner Übersiedlung in die französische Hauptstadt erlag er einer Lungenentzündung.

Fand auch die Tätigkeit Gobettis einen jähen Abschluß, so hatte der junge Politiker den Überlebenden doch ein eindrucksvolles Beispiel hinterlassen. Die Mitarbeiter der «Rivoluzione liberale» scharten sich noch 1924 unter der Führung Gobettis um eine neue Zeitschrift, den «Baretti», oder sammelten sich in Paris um die dort gegründete Bewegung «Giustizia e Libertà», die mit der Heimat und ganz besonders

---

[4] Über Gobetti cfr.: Leone Bortone: P. G. e la Rivoluzione liberale (Il Ponte, Juli 1947, S. 621—628).

[5] Luigi Einaudi in seiner Gedenkrede zum 30. Todestag (Ricordo di P. G. nel Anniversario della morte — Quaderni della Gioventù Liberale Italiana, o. J., S. 9/10).

mit Turin enge Fühlung aufrecht erhielt. Mittelpunkte des Turiner Antifaschismus waren um 1930 neben Vittoria Foà und Barbara Allason der von Pavese bewunderte Studienrat und Schriftsteller Augusto Monti, der Verleger Franco Antonicelli und Paveses Freunde Massimo Mila (geb. 1910) und Leone Ginzburg (1909—1944). Der in Odessa geborene Leone Ginzburg[6] wurde mit 21 Jahren italienischer Staatsangehöriger, erhielt ein Stipendium nach Paris, wo er mit den führenden Köpfen von «Giustizia e Libertà», mit G. Salvemini und N. Rosselli, Fühlung aufnahm. Im Dezember 1932 wurde er Dozent für slawische Literatur an der Universität Turin, zugleich war er als Lektor für den von Polledro geleiteten Verlag Slavia in Turin tätig. Am 12. März 1934 wurde er mit zahlreichen anderen Turiner Intellektuellen verhaftet, als «der gefährlichste Antifaschist Italiens» (so lautete die Anklage) verurteilt und in das Staatsgefängnis Regina Coeli eingeliefert. Nach dem italienischen Waffenstillstand wurde Ginzburg befreit, jedoch bald darauf in Rom aufs neue festgenommen und in Regina Coeli zu Tode gemartert.

Die Rückwirkung der beispielhaften Lebensläufe Gobettis und Ginzburgs auf das Schaffen und die innere Entwicklung Paveses kann in ihrer Bedeutung nur dann erfaßt werden, wenn man bedenkt, daß in Turin, dem einstigen Schauplatz der Gründung des neuen Italien, das politische Verantwortungsbewußtsein wacher war als in irgendeiner anderen Stadt, denn hier spürt man — wie das Lucius Burckhardt kürzlich hervorhob[7] — «daß ein Volk unter erschwerten Umständen den Eintritt in die Gegenwart erzwang». Der Bildungsphilister hält sich daher auch von dieser Stadt fern, «weil er den Gedanken an Politik, Freiheitsdrang und Arbeit im Lande seiner Sehnsucht nicht erträgt«, er fühlt sich befremdet in dieser schon architektonisch rationalen und kühlen Stadt, «die es merkwürdig konsequent verstanden hat, alles allzu Südliche und allzu Nördliche, alle überschwengliche Üppigkeit und alles winterlich Nebulose von sich fernzuhalten». «Wer jedoch Sinn hat für die Weite der menschlichen Konzeption, für das Maß und den rechten Winkel... dem werden hier die Augen aufgehen für die ergreifende Geschichte des Volkes, das diese Stadt gebaut und darüber hinaus die Befreiung seines Landes und seine Konstitution als Nation mit einer Bewußtheit vollzogen hat wie kein anderes.«

[6] Cfr. Augusto Monti: L. G. (Il Ponte, Juli 1948, S. 668—679). Monti widmete auch in seinem Roman «Vietato pentirsi» (Turin 1956) L. G. mehrere Seiten. — Weitere Hinweise entnehme ich dem «Ricordo di L. G.» von Carlo Levi (Aretusa, Jan/Febr. 1946 S. 110—116).

[7] Reise ins Risorgimento — Turin und die Einigung Italiens, Köln 1959.

Diese Bewußtheit und Wachheit der Piemontesen, ihre Scheu vor Überschwenglichkeit und Pathos, ihre abwägende Skepsis gegenüber der Sinnlichkeit und Spontaneität des Süditalieners, ihre französisch anmutende Kühle, ihre Zurückhaltung und Umsicht kennzeichneten auch Pavese, der sich wie seine Freunde von dem an D'Annunzio inspirierten Benehmen der offiziellen literarischen Kreise abgestoßen fühlte. Turin gegen Rom, das Piemont gegen Mittel- und Süditalien, provinzielles Selbstbewußtsein gegen faschistische Zentralisierung, Ursprünglichkeit gegen alexandrinische Überzüchtung, das ist die Rolle, die Pavese der piemontesischen Hauptstadt zumißt.

War auch Pavese nach Temperament und Veranlagung nicht zum Widerstandskämpfer berufen, so konnte er sich doch den Bestrebungen seiner Freunde, die sich erfolgreicher als er engagierten, nicht entziehen, wollte er nicht an seiner eigenen Überzeugung zum Verräter werden. Auch er wurde daher von den faschistischen Behörden auf mehrere Monate (August 1935 bis März 1936) nach Süditalien verbannt und mußte sich bis zum Kriegsende durch Privatstunden, Unterricht an Privatschulen und Übersetzungen seinen Lebensunterhalt verdienen, da ihm als Nicht-Parteimitglied der Zugang zu den staatlichen Schulen verschlossen blieb.

# OFFENER HORIZONT: AMERIKA

> Und doch kennen wir keine andere zeitgenössische Kultur, die eine vergleichbare — individuelle und kollektive — mythische Welt geschaffen, aus einem Dialekt Sprache gemacht und und durch Stilisierung des Irrationalen eine reichere Ernte an Symbolen eingebracht hat als die dichterische Kultur Amerikas. In ihr ist das, was in anderen, bewußteren Kulturen Dokument, verquälte Mühe, Literatur bleibt, lebendige Schrift, männliche Reife und Struktur geworden. (Letteratura americana e altri saggi, S. 361/2)

Pavese fühlte sich wie der größte Teil der um 1930 zu kritischem Selbstbewußtsein erwachenden Generation von der provinziellen Enge des offiziellen kulturellen Lebens erdrückt. Er hielt daher Ausschau nach gesunden und ursprünglichen Zivilisationen, nach Lebensformen, die nicht von einer zweitausendjährigen Geschichte belastet waren wie die italienischen. Diese neue Welt, diesen offenen Horizont fand der junge Dichter besonders in Amerika und in der amerikanischen Literatur, mit der er sich auch als Student in einer Dissertation über Walt Whitman auseinandersetzte. Ab 1930 veröffentlichte Pavese regelmäßig in der Zeitschrift «La Cultura» die Ergebnisse seiner Beschäftigung mit der nordamerikanischen Literatur und übersetzte für den Verlag Frassinelli eine Reihe amerikanischer Romane: diese Übersetzertätigkeit, bei der sich der junge Schriftsteller ständig mit seiner als allzu akademisch empfundenen Muttersprache auseinanderzusetzen hatte, führte ihn dazu, aus Umgangssprache und Dialekt gesunkenes Sprachgut heranzuziehen, um seinen amerikanischen Lieblingsautoren ihre saftige Ursprünglichkeit zu erhalten. Paveses Übertragungen von Romanen Sinclair Lewis', Sherwood Andersons und John Dos Passos' und vor allem seine geradezu klassisch gewordene Übersetzung des «Moby Dick» erschlossen Italien literarisches und politisches Neuland. Mit Recht wurde daher bemerkt, schon allein Paveses Übersetzertätigkeit und seine Aufsätze zur amerikanischen Literatur hätten genügt, um aus ihm eine repräsentative Erscheinung dieser ersten Jahrhunderthälfte zu machen.[1]

Da sich der junge Schriftsteller für die Gesamtheit des amerikanischen Lebens interessierte, ging zunächst Hand in Hand mit der Begeisterung für die amerikanische Literatur eine außergewöhnliche Aufgeschlossenheit für den amerikanischen Film. Allerdings handelte es sich dabei — wie

---

[1] Carlo Muscetta: Per una storia di Pavese e dei suoi racconti (Letteratura militante, Mailand 1953, S. 120—145).

zwei postum erschienene Manuskripte zeigen[2] — von allem Anfang an nicht nur um den «Willen zur Anti-Literatur», sondern auch um die Suche nach einer neuen Technik. Der längere der beiden Aufsätze («I problemi critici del cinematografo»), der bis auf das Jahr 1929 zurückgeht, kritisiert vor allem die Tatsache, daß der Film bis jetzt zum größten Teil die Technik anderer Künste einfach übersetzt habe, während man die Szene doch von ihren romanhaften Elementen befreien müsse. Eine Ästhetik des Films habe daher in erster Linie die für den Film wesentlichen Elemente Licht und Bewegung zu betrachten. Gab es auch nach Pavese in diesem Sinne noch keine Meisterwerke, so fehlte es doch nicht an Szenen, die unter diesem Blickwinkel «als echte und große, wenn auch bruchstückhafte Schöpfungen» erschienen.[4] So schaffe etwa Fritz Lang in seinem «Faust» durch langsame und verformte Massen von Trinkern und die unbewegliche Ungeheuerlichkeit der Fässer eine Poesie des Gemeinen, und in dem Tonfilm «Weiße Schatten» von V. Dyke werde durch die akustische Dimension eine nur im Film mögliche künstlerische Komponente hinzugewonnen: «ein langes, seiner Natur nach unbeschreibliches Pfeifen, das weder das Geräusch des Windes noch des Donners oder der erschütternden Erlebnisse ist, sondern eine im wahrsten Sinn des Wortes lyrische Stimme des Sturms und der Einsamkeit auf dem Meer».[5]

Paveses Auseinandersetzung mit der amerikanischen Kultur war also von allem Anfang an — wie dies bei einem jungen Dichter nicht anders zu erwarten war — nicht nur eine Frage seiner politischen Sympathien und Antipathien, sondern auch seines ernsten Bemühens, auf die technischen Probleme seines eigenen Schaffens eine Antwort zu finden. Die Leinwand der Lichtspielhäuser war für ihn nicht nur der in Extase geschaute «Altar, auf dem man Festspiele der Kunst zelebriert, die an weniger volkstümlichen Orten unerhört sind»[6], sondern zugleich ein Ausgangspunkt für seine immer eindringlicher werdende Beschäftigung mit den Grenzen und Möglichkeiten seiner eigenen Dichtung. Die Bedeutung von Paveses Aufsätzen zur amerikanischen Literatur liegt daher nicht so sehr in literarhistorisch endgültigen Formulierungen, sondern in der allmählichen Klärung der eigenen, noch verworrenen schöpferischen Anlagen und Aufgaben.

Einem mit des jungen Dichters Problemen nicht vertrauten Leser mögen die Parallelen, welche Pavese in einem «Middle West und Pie-

---

[2] Due inediti di Pavese (Cinema nuovo, Juli/Aug. 1958, S. 14—21).

[3] Ebenda in den einleitenden Worten von Massimo Mila, S. 14.

[4] Ebenda, S. 18.

[5] Ebenda, S. 18/19.

[6] Ebenda, S. 21.

mont» betitelten Aufsatz über Sherwood Anderson zwischen der amerikanischen Literatur der zwanziger Jahre und seinen eigenen Bestrebungen zieht, etwas gewaltsam erscheinen, sie sind aber doch äußerst kennzeichnend für seine Stellung im Rahmen der italienischen Literatur der dreißiger Jahre: er wendet sich energisch gegen jede rein-ästhetische Erfassung des Kunstwerks, «das uns nur ergreift und verständlich bleibt, solange es für uns aktuelle Bedeutung hat, solange es auf eines unserer Probleme Antwort gibt, kurzweg, eines unserer praktischen Lebensbedürfnisse löst. Es gibt keine Kunst für die Kunst, und selbst die müßigste Parnaßlyrik wird für den Leser — ein bißchen altmodisch muß dieser Leser allerdings sein — ein praktisches Problem: wie kann man träumend leben.»[7]

In Andersons sprachlicher Bewältigung des amerikanischen «Middle West» sah Pavese ein nachahmenswertes Vorbild und einen entscheidenden Hinweis für eine literarische Erschließung seiner piemontesischen Heimat, die trotz Alfieri, D'Azeglio, Abba und Calandra noch nicht den Mann und das Werk hervorgebracht habe, die «wirklich jene Universalität und jene Frische erreichten, die allen Menschen und nicht nur den Landsleuten verständlich sind».[8]

Wie schnell Paveses kritisches Urteil durch seine Beschäftigung mit der amerikanischen Literatur reifte, das zeigt eine Gegenüberstellung seiner beiden Aufsätze über Sinclair Lewis: mit dem ersten eröffnete er im November 1930 in einer begeisterten Würdigung des Nobelpreisträgers seine kritische Tätigkeit an der «Cultura»; im Mai 1934 sichtete er hingegen sein früheres Urteil auf Grund seiner tieferen Kenntnis der nordamerikanischen Literatur und seines immer größeren Interesses für technische Probleme der Dichtung, deren Bedeutung ihm besonders durch seine Beschäftigung mit Melville aufgegangen war.

Pavese bewunderte zunächst an Sinclair Lewis «die Poesie der Jugend, die wie ein schönes, starkes und einfaches Abenteuer erlebt wird»[9], wenn er auch beanstandet, daß alle diese jungen Revolutionäre aus Mittelamerika «allzu autobiographisch» sind.[10] Er übersieht auch nicht, daß «Elmar Gantry» «eine Menge Fehler hat», die auf den tendenziösen Ton des Werkes zurückgehen,[11] aber all das verleidet dem jungen Kritiker die Lektüre nicht, denn «die Personen und mit ihnen der Autor sind große Provinzler. In jeder Hinsicht groß. Sie fangen als

---

[7] Ich zitiere nach der postum erschienenen Ausgabe von Paveses gesammelten Aufsätzen «La letteratura americana e altri saggi», Turin 1951, S. 33.

[8] Ebenda, S. 34.

[9] Ebenda, S. 12.

[10] Ebenda, S. 16.

[11] Ebenda, S. 25.

Naive an ... und hören als solide Leute auf, aber — seien sie nun Scharlatane, große Wissenschaftler oder Industrielle — ein mit Abendkleidern angefüllter Saal wird sie immer einschüchtern».[12] Hierin berührt sich Pavese aufs engste mit den Gestalten des Amerikaners: zeit seines Lebens fühlte er sich von der Gesellschaft, der Stadt und mondänen Veranstaltungen angezogen, aber der glamour eleganter Damen warf ihn stets auf sich selbst und sein provinzielles Sendungsbewußtsein zurück. Nicht mehr der Kritiker, sondern der Programmatiker Pavese hat das Wort, wenn er seinen Aufsatz über Sinclair Lewis schließlich zu der Feststellung aufgipfelt: «Aber das ist gewiß: ohne seine Provinzler hat eine Literatur keine Kraft.»[13] Einen Ausdruck dieser Kraft erblickte der junge Dichter darin, daß der Amerikaner den Slang in seine Romane übernahm und nicht mehr wie Mark Twain und W. D. Howells als color locale benutzte, sondern zu der Würde einer Literatursprache erhob.

Pavese konnte es auf die Dauer nicht entgehen, daß seine Parallelen zwischen Amerika und dem Piemont, der Jugend eines Landes und der Jugend eines Schriftstellers den grund-verschiedenen geschichtlichen Voraussetzungen nicht genügend Rechnung trugen. Am 11. Oktober 1935 stellte er in seinem Tagebuch fest:

«Was ich schaffe, ist keine Dialekt-Literatur — ich habe aus Instinkt und Vernunft viel gegen mundartliche Kunst gekämpft; meine Arbeit will nicht skizzenhaft sein — das habe ich mit Erfahrung bezahlt; sie sucht sich von dem allerbesten Saft der Nation und der Tradition zu nähren; sie sucht die Augen offen und auf die ganze Welt gerichtet zu halten und ist für die Versuche und Erfolge der Nordamerikaner ganz besonders empfindlich gewesen, weil ich dort eine Zeitlang eine entsprechende Drangsal der Formgebung zu entdecken meinte. Oder hat vielleicht die Tatsache, daß mir jetzt an der amerikanischen Kultur gar nichts mehr liegt, die Bedeutung, daß ich diese Piemonteser Sicht erschöpft habe? Ich glaube, ja; wenigstens die Sicht, wie ich sie bisher festgehalten habe.»

Dieser Verzicht auf das provinzielle Bestreben eines Piedmontese Revival schärfte Paveses kritischen Blick und bildete eine unerläßliche Voraussetzung für eine nüchterne Beurteilung der amerikanischen Literatur, wie das ein kurzer 1934 in der «Cultura» veröffentlichter neuer Aufsatz über Sinclair Lewis zeigt. Nun unterstreicht er den «dokumentarischen Charakter»[14] von Sinclair Lewis' Werk und bekennt, «daß das Interesse für diesen Schriftsteller eher dem Stoff seiner Bücher galt

---

[12] Ebenda, S. 27.
[13] Ebenda, S. 28.
[14] Ebenda, S. 29.

als der künstlerischen Bewältigung».[15] Pavese mißt ihm nun auch eine wesentlich geringere Rolle in der Entwicklung der nordamerikanischen Sprache bei, denn «um die richtige Geschichte des amerikanischen Volgare zu schreiben, wird man auf Namen wie Walt Whitman, Mark Twain, O. Henry, Sherwood Anderson und John Dos Passos achten müssen».[16]

Pavese besaß nun dank seiner in den frühen dreißiger Jahren vertieften Kenntnis der amerikanischen Literatur des 19. Jahrhunderts — der «American Renaissance», um den später von F. O. Matthiessen geprägten Ausdruck zu gebrauchen — das Rüstzeug zu einer historischen Wertung der jüngsten amerikanischen Dichtung. Von den großen Amerikanern des 19. Jahrhunderts[17] interessierte sich Pavese vor allem für Melville und Whitman, während er Poe, den «üblichen Poe»[18] allzusehr der europäischen Tradition verpflichtet wußte: er nannte ihn daher im Anschluß an Whitman «harmonischen, vielleicht nie überwundenen Ausdruck gewisser besonders deutlicher Phasen menschlicher Kränklichkeit».[19] Auch Emerson, «der sich nie mit Entschiedenheit der Wirklichkeit stellte»[20] und Hawthorne, der es vorzog «sich in sein verwunschenes Presbyterium einzuschließen»,[21] zogen den jungen Kritiker nicht an, der bei Whitman den «ultimate grip of reality»[22] und die leidenschaftliche Besitznahme der Wirklichkeit bewunderte.

In Melville verehrte Pavese bereits 1932 «eine Art Verschmelzung und das heißt zugleich Überwindung von Edgar Poe und Nathaniel Hawthorne»: «,Moby Dick' ist in unserem Fall, auf etwa tausend Seiten, eine Novelle à la Poe, mit allem was ihre Struktur, ihre berechneten Wirkungen des Schreckens und auch ihre sprachliche Mathematik kennzeichnet; zugleich ist sie eine jener moralischen Analysen von Sündern, von Rebellen gegen Gott, die den Namen des ‚Scharlachroten Briefes' vielleicht eher an die Geschichte des Puritanertums knüpfen als

---

[15] Ebenda, S. 30.

[16] Ebenda, S. 31.

[17] F. O. Matthiessen wies darauf hin, daß die fünf bedeutendsten Werke der amerikanischen Renaissance in dem Jahrfünft zwischen 1850 und 1855 erschienen: «Representative Men» von Emerson (1850), «The Scarlet Letter» von Hawthorne (1850), «Moby Dick» von Melville (1851), «Walden» von Thoreau (1854), «Leaves of Grass» von Whitman (1855) (vgl. Paveses 1946 erschienene Rezension, Lett. americana, a. a. O., S. 177—187).

[18] Lett. americana, a. a. O., S. 5.

[19] Ebenda, S. 151.

[20] Ebenda, S. 185.

[21] Ebenda, S. 185.

[22] Der Ausdruck findet sich in Sherwood Andersons «Dark Laughter» (vgl. Lett. americana, a. a. O., S. 148).

an die der Dichtung».[23] Es zeugt für das reife kritische Verständnis Paveses, daß er, der von jeher durch das Primitive und Ursprüngliche bezaubert wurde[24], sich — genau wie bei dem Studium des amerikanischen Films — nicht damit begnügte, diese Seite an dem Amerikaner zu bewundern, sondern auch sein bewundernswertes Gleichgewicht zwischen Literatur und persönlich Erfahrenem. Die Tendenz des zwanzigsten Jahrhunderts zum Primitiven, die Italo Calvino in seiner Einleitung zu Paveses gesammelten Aufsätzen als das «male del secolo«[25] bezeichnet, war bei Pavese immer einer strengen Kontrolle unterworfen. Er fühlte sich abgestoßen, wo dieses Interesse für das Primitive mit Primitivität verwechselt wurde und stellte wohl auch daher seinen Zeitgenossen das große Beispiel Melvilles vor Augen, bei dem Ursprünglichkeit nichts mit Barbarei zu tun hat:

«Melville ist wirklich ein Grieche. Lest ihr die Europäer, die der Literatur zu entrinnen suchen, so fühlt ihr euch literarischer als je, ihr fühlt euch klein, zerebral, verweichlicht: lest ihr Melville, der sich nicht schämt, ‚Moby Dick', die Dichtung des barbarischen Lebens, mit acht Seiten Zitaten zu beginnen und fortzufahren, indem er diskutiert, wieder zitiert und den Literaten spielt, so dehnen sich euch die Lungen, so wird euch das Gehirn weit, so fühlt ihr euch lebendiger und menschlicher. Und wie bei den Griechen kann die Tragödie (Moby Dick) noch so düster sein, die Heiterkeit und Lauterkeit des Chors (Ismael) ist so groß, daß man nur in der eigenen Lebenskraft gestärkt aus dem Theater geht.»[26]

Pavese übersieht allerdings, daß diese «Heiterkeit» des Chors aus Ismaels Verwurzelung in der Bibel entspringt, so daß die schicksalhafte Struktur der Existenz nicht — wie später in seinen eigenen Romanen — zu einem immanenten Kreislauf oder gar Leerlauf werden konnte.[27]

---

[23] Ebenda, S. 91. — Lienhard Bergel unterschätzt in seinem glänzenden Aufsatz über Paveses Ästhetik (L'Estetica di C. P.: Lo Spettatore Italiano, Okt. 1955, S. 407—419) zweifellos die grundlegende Bedeutung Melvilles für Paveses Schaffenkrise um 1935. Bergel vertritt die Ansicht, der Einfluß der Amerikaner auf den Dichter habe sich auf das von ihnen gebotene linguistische Vorbild beschränkt (S. 412), während doch gerade Melville einen entscheidenden Ausgangspunkt für Paveses so wichtige Beschäftigung mit Shakespeare und den Griechen darstellte.

[24] In diesem Zusammenhang sei daran erinnert, daß der Kunsthistoriker Lionello Venturi gegen Ende der zwanziger Jahre seine Turiner Studenten in die Kunst der Primitiven einführte (Il gusto dei primitivi, 1926).

[25] La lett. americana, a. a. O., S. XVII.

[26] Ebenda, S. 79.

[27] Vgl. Richard H. Chase: Cesare Pavese and the american novel (Studi americani 1957/3, S. 347—369): «Melville in his great masterpiece 'Moby Dick' succeeded in integrating 'realtà' 'mito' and 'ritmo' into a meaningful,

Der als Grieche gedeutete große nordamerikanische Romancier bildete in der Entwicklung des Piemontesen einen Angelpunkt. Von Melville aus richtete sich der Blick Paveses auf die Länder und Epochen, die ihn bis zu seinem Tod in erster Linie beschäftigen werden: Griechenland und England im Zeitalter Shakespeares. Melville war für ihn eine Bestätigung dafür, daß Bildung «erlebt» werden konnte und nicht unbedingt zu lebensferner Pedanterie führen mußte:

«Es macht einfach Freude, festzustellen, wie Melville beim Schreiben die von ihm gelesenen Bücher als Mensch anführt und erwähnt, d. h. indem er sie ohne Widerwillen und immer mit einem Anflug von Lächeln unter dem Bart in ihrem wahren Wert abwiegt».[28]

Ein weiterer Brennpunkt von Paveses Interesse für die amerikanische Literatur war das Werk Walt Whitmans; in ihm erblickte er einen neuen Dichtertyp im Rahmen der Weltliteratur, der es nicht darauf abgesehen habe wie ein europäischer oder antiker Künstler eine neue, mehr oder weniger phantastische Welt zu schaffen und die Wirklichkeit zu leugnen, um sie vielleicht durch eine bedeutungsvollere zu ersetzen, denn eben darin war Whitman für Pavese Amerikaner, daß er darauf abzielte, zur wahren Natur der Dinge durchzustoßen und sie «mit ursprünglichen Augen» zu sehen.[29]

Paveses Aufsatz über Whitman erschien zu einem Zeitpunkt (La Cultura, Juli/Sept. 1933), als er bereits eine Reihe der später unter dem Titel «Lavorare stanca» veröffentlichten Gedichte abgefaßt hatte, an denen er unermüdlich herumfeilte. Er interessierte sich daher besonders für die metrische Struktur der «Leaves of grass» und kam dabei zu dem Schluß, jeder Vers sei ein in sich geschlossenes Ganzes, mit eigener Harmonie und eigener Bedeutung[30] und Ausdruck der Freude, Gedanken zu entdecken: bei Whitman fehle daher die Musikalität als Selbstzweck, die den europäischen vers libre kennzeichne.

In mehreren Aufsätzen nahm Pavese Stellung zum Werk Sherwood Andersons. In seiner Einleitung zu der von ihm bei Frassinelli veröffentlichten Übersetzung des Romans «Dark Laughter» (1932) stellte er das Werk als eine «Hymne auf das Leben der Neger, auf die Demut der Neger vor den Dingen» dar. Freilich, Pavese fühlte sich von Anderson nicht zuletzt wegen seines so ganz anderen Temperaments angezogen

---

extensive structure; but he did so — and this is the point — because his language has the ambiguity of Biblical reference; reference that is to a moral order which presupposes destiny in terms beyond 'man'. This was obviously denied Pavese; his language hat its root in common speech» (S. 358).

[28] Lett. americana, a. a. O., S. 88.

[29] Ebenda, S. 148.

[30] Ebenda, S. 153.

und unterlag dem Zauber dieser Persönlichkeit, die zwar auch an einem «disease of self»[31] krankte, aber doch ganz anders damit fertig wurde als der schwer zugängliche Piemontese. Was Sherwood Anderson in einem Brief an Waldo Frank über die New Yorker Intellektuellen bemerkt, könnte mit gleichem Recht auch von einem Teil der unter der Diktatur lebenden italienischen Schriftsteller gesagt werden: «The West, and particularly Chicago, has become a sort of fetish to many Eastern men. They are, I suppose, a little weary of their own smartness, got out of group life and out of the fact that New York as a city seems to have become a definite thing with a style of its own.»[32]

Intensität und Ursprünglichkeit suchte Pavese auch in der «Spoon River Anthologie» Edgar Lee Masters, in der er nicht in erster Linie wie der größte Teil der damaligen Kritiker den Durchbruch der verdrängten Komplexe eines introvertierten Puritaners erblickte: gerade der puritanische Eifer, die unerbittliche Leidenschaft, die hinter dem polemischen Ton der Grabschriften steht, überzeugte ihn von ihrem künstlerischen Wert.[33] Wie bei den Versen Whitmans interessierte sich der Verfasser der damals im Entstehen begriffenen Gedichte auch für die Form von Lee Masters Versen, die dem gemessenen und lapidaren Stil der ersten Gedichte von «Lavorare stanca» viel näher steht als der oratorische Orgelton der «Leaves of grass».

Paveses Suche nach Ursprünglichkeit in der amerikanischen Literatur mußte ihn zunächst von einigen Schriftstellern abstoßen, die diesem Ideal widersprachen. So bezeichnet er im April 1933 in einer Besprechung von William Faulkners «Sanctuary»[34] das Werk als einen «allzu anspruchsvollen Kriminalroman» und er beanstandet, daß «auf soviel Seiten voller Perversionen, krankhafter Unschlüssigkeit, obszöner und blutiger Verbrechen kein einziges Zugeständnis, ich sage nicht an die Geilheit — was noch am wenigsten schlimm wäre — sondern nicht einmal an die moralische Entrüstung oder an die zynische Selbstgefälligkeit gemacht wird.»

Nicht weniger verständnislos stand Pavese zunächst dem «für uns unerträglichen Werk der Frau Gertrude Stein»[35] gegenüber, das aus dem Rahmen all dessen fiel, was er damals von der amerikanischen Literatur erwartete. Er blieb jedoch nicht bei diesem ablehnenden Urteil über

---

[31] Letters of Sherwood Anderson selected and edited with an introduction and notes by Howard Mumford Jones in association with Walter B. Rideout, Boston 1953, S. XIII.

[32] Ebenda, S. 29/30.

[33] Lett. americana, a. a. O.: Polemica antipuritana con ardore puritano, S. 51—63.

[34] Lett. americana, a. a. O.: Un angelo senza cura d'anime, S. 167—170.

«das allzu selbstgefällige Interesse für das künstlerische Verfahren»[35] stehen und übersetzte später die «Autobiography of Alice Toklas» (1938) und «Three Lives» (1940). Er fand nun in der «tragischen Meßbarkeit des Lebens» den Schlüssel zu diesem literarischen Schaffen. Als Ärztin ist Gertrude Stein eine Lehrmeisterin der Weisheit: «Auf ihren Seiten ist das Leben furchtbar klar. An die Stelle des Gefühls für die unermeßlichen Dinge, für das Phantastische, rückt sie den Zauber des ruhigen Fließens und dessen, daß eine Rose wirklich eine Rose eine Rose eine Rose ist.»[36]

Die Entdeckung Amerikas durch die italienische Kritik der dreißiger Jahre hat in mancher Hinsicht eine Entsprechung in der Entdeckung Hebbels und des Sturm und Drang zu Beginn des 20. Jahrhunderts[37]: hier wie dort handelte es sich um Völker, die mündig geworden waren und sich in jenem Stadium befanden, das von F. O. Matthiessen trefflich als jener große Augenblick charakterisiert wurde «... when the savage ist just ceasing to be a savage ...»[38]

Pavese gebührt bei dieser Entdeckung der amerikanischen Literatur durch die Italiener neben Elio Vittorini der erste Platz (Einblicke in die Welt des amerikanischen Films eröffnete 1935 Mario Soldati mit seinem Buch «America, primo amore»). Wie isoliert die beiden Schriftsteller in den frühen dreißiger Jahren mit ihrem Amerika-Enthusiasmus waren, das zeigt Emilio Cecchis in mehreren Auflagen verbreitete Reportage «America amara», die mit einseitig propagandistisch ausgewählten Photos illustriert war und unter anderem Lichtbilder von grausam verstümmelten gelynchten Negern brachte. Cecchi zeigte in erster Linie die Nachtseiten der Neuen Welt, sein Amerika war wirklich ein «bitteres Amerika», das dem Leser wie ein grausamer Alptraum erscheinen mußte. Bezeichnenderweise entdeckte daher gerade er William Faulkner, der mit seinem Werk diese Amerikaauffassung zu bestätigen schien. Der Toskaner Cecchi sah in dem von Pavese bewunderten Vitalismus der amerikanischen Autoren nichts anderes als ein «Heidentum bloßer Gewalt».[39] Diese distanzierte Haltung vertrat er auch in seiner Einleitung zu der von Elio Vittorini herausgegebenen «Americana» (1942), dem

---

[35] Lett. americana, a. a. O., S. 42.

[36] Ebenda: La tragica misurabilità della vita, S. 173—176.

[37] Typisch ist in diesem Zusammenhang die kritische und dichterische Tätigkeit des Triestiners Scipio Slataper. Vgl.: Johannes Hösle: Slataper e la letteratura tedesca (Rivista di letterature moderne e comparate, Juli/Dez. 1957, S. 222—231).

[38] American Renaissance — Art and Expression in the Age of Emerson and Whitman, 3. Auflage, New York 1946, S. 373.

[39] America amara, 4. Auflage, Florenz 1943, S. 127.

repräsentativsten Zeugnis für die während des Faschismus allmählich um sich greifende Amerikabegeisterung. In einer Reihe vorzüglicher Übersetzungen kamen in dem mehr als tausend Seiten umfassenden Band neben den bedeutendsten Vertretern der amerikanischen erzählenden Dichtung seit den Anfängen auch zweit- und drittrangige Schriftsteller zu Wort, da hier «das ganze amerikanische anderthalbe Jahrhundert sich verwandelt hat in die wesenhafte Klarheit eines von uns allen durchlebten Mythos, den du uns erzählst» (Pavese in einem Brief an Elio Vittorini, Tg. 27. 5. 42).

Die klarste Position gegen Cecchis nörgelnde und tendenziöse Haltung gegenüber der amerikanischen Literatur und Zivilisation bezog der junge mit Pavese befreundete Germanist Giaime Pintor (1919—1943) kurz bevor er bei dem Versuch, nach der Kapitulation zu den Partisanen durchzustoßen, auf eine deutsche Mine lief. Pintors von einer seltenen Reife zeugende Stellungnahme sagt zugleich Wesentliches über die deutsch-italienischen kulturellen Beziehungen am Vorabend und während des zweiten Weltkrieges aus. Er bricht den Stab über der Generation Cecchis «mit ihrer kennzeichnenden Unfähigkeit, alle jene Werte zu verstehen, die aus dem Rahmen der ästhetischen Beurteilung fallen».[40] Während Cecchi in Amerika vor allem Greuel und Schrecken sah, versichert Pintor, für seine Generation sei durch die Entdeckung dieses Kontinents die Leere ausgefüllt und die Dunkelheit erhellt worden. Pintors Lektüre der «Americana» hat geradezu eine symbolische Bedeutung, da er sich auf einer Deutschlandreise in sie vertiefte, während die bayrische Landschaft an den Fenstern des Zuges vorbeizog. Deutschland erschien ihm dabei «als die natürliche Antithese dieser (amerikanischen) Welt und in einem weiter gefaßten Sinn als ihr Spiegel in Europa»[41], da kein Volk dem amerikanischen so ähnlich sei wie das deutsche und neben Rußland, China und Amerika einen lebendigen Körper darstelle. Pintor befürchtet jedoch, es möchte Deutschland nicht gelingen, sich von seinen «mittelalterlichen Komplexen»[42] zu befreien, da es die amerikanische Botschaft nicht aufgenommen habe. Er ist sich allerdings wie Pavese durchaus im klaren darüber, daß das Amerikabild der italienischen Intellektuellen nicht immer der Wirklichkeit entsprach, da für seine Generation der bloße Namen Amerikas fast gleichbedeutend mit Freiheit und Demokratie geworden war:

«In unseren Amerika gewidmeten Ausführungen wird vieles naiv und ungenau sein, vieles wird sich auf Gegenstände beziehen, die viel-

---

[40] G. Pintor: Il sangue d'Europa (La lotta contro gli idoli, S. 208—219). S. 210.

[41] Ebenda, S. 214.

[42] Ebenda, S. 217.

leicht dem geschichtlichen Phänomen U. S. A. und seinen gegenwärtigen Formen fremd sind. Dies hat aber wenig zu sagen, denn auch wenn der Kontinent nicht existierte, so würden unsere Worte ihre Bedeutung nicht verlieren. Dieses Amerika bedarf keines Kolumbus, es wurde in unserem Innern entdeckt, es ist das Land, zu dem man mit derselben Hoffnung und demselben Vertrauen hinstrebt wie die ersten Auswanderer und wie jeder der entschlossen ist, um den Preis von Mühen und Irrtümern die Würde der menschlichen Existenz zu verteidigen.»[43]

Pintors beispielhafte Ausführungen zeigen deutlich, wie die Intellektuellen der italienischen Linken nach dem Krieg ihren Abfall von dem nun vorwiegend als kapitalistisch empfundenen Amerika begründen würden. Ihr Mythos von einem «inneren» Amerika konnte weiterleben auch da, wo das geschichtliche Amerika den Erwartungen nicht mehr entsprach. Das mit Freiheit und Demokratie identifizierte Amerika konnte mühelos durch andere Namen ersetzt werden, wenn die entsprechenden Länder — wie bereits im Aufsatz Pintors — als gleichwertig oder gar als sicherere Verfechter der Menschenrechte erschienen.

In diesem Sinne zog auch Pavese 1947 in einem durch das Radio übertragenen Vortrag die Summe aus der Begegnung mit der amerikanischen Literatur während des Faschismus:[44] für den nun im Rahmen der kommunistischen Partei Tätigen war die Zeit der Entdeckung Amerikas endgültig vorüber. Er sah in der Tatsache, daß alle seit 1945 bekanntgewordenen amerikanischen Bücher entweder historische Werke, Interpretationen oder Kommentare waren — auch wenn es sich um so grundlegende Arbeiten wie F. O. Matthiessens «American Renaissance» handelte — ein sicheres Zeichen dafür, daß die heroische Jugendphase Amerikas zu Ende sei. Dieser Ansicht vom Altern der Völker liegt jedoch nicht nur ein politisches Ressentiment zu Grunde,[45] sondern sie entspricht einer grundsätzlichen Einstellung des Dichters gegenüber schöpferischen Erscheinungen, wie die folgenden Ausführungen über Paveses Verhältnis zum Mythos näher erhellen werden.

Seit dem Ende des zweiten Weltkrieges betrachteten sich die italienischen Schriftsteller als mündig: die Autorität der Amerikaner drohte sie zu erdrücken, und sie befürchteten, ihr eigener Beitrag in der mit dem Namen Neorealismo gekennzeichneten literarischen Renaissance

---

[43] Ebenda, S. 218.

[44] La lett. americana, a. a. O.; S. 189—192: Sono finiti i tempi in cui scoprivamo l'America.

[45] Diese Meinung vertritt E. Craveri Croce in einem Aufsatz des «Spettatore Italiano» (Febr. 1952, S. 60—65), der Wesentliches über Paveses politische Stellung aussagt.

möchte unterschätzt werden wie ihre militärische Mithilfe bei der Befreiung.[46]

Auf eine Rundfrage der Zeitschrift «Galleria», ob die italienischen Nachkriegsautoren sich noch mit unverändertem Interesse an die amerikanischen Erzähler wenden könnten, gab Paveses Freund und Nachlaßverwalter Italo Calvino eine Antwort, die in ihrem sachlichen Ton das beste Zeugnis für die veränderte Einstellung gegenüber den Schriftstellern der U.S.A. darstellt:

«An die Klassiker ja, wie an die Klassiker jeder anderen Literatur: an Melville wie an Puschkin, wie an Stendhal. Wehe den Schriftstellern, die nicht ihre Klassiker haben. Es genügt, daß sie aus ihnen keine Götzen machen, die sie daran hindern, anderes zu sehen. Es genügt, daß sie nicht vergessen, daß uns Leopardi immer mehr zu geben hat als Hawthorne».[47]

Dieser Aussage des jungen ligurischen Erzählers entsprechen mehr oder weniger auch die der übrigen Befragten. Hatte die Verherrlichung der nationalen Tradition während des Faschismus die gegen das Regime eingestellten Schriftsteller zu einer antinationalistischen Reaktion geführt, so bestand nun seit dem Ende des zweiten Weltkriegs kein Hindernis mehr zu einer unvoreingenommenen Hinwendung zur eigenen Literatur und Klassik.

---

[46] Besonders deutlich ist dieses Ressentiment gegen die «Befreier» in dem 1949 mit dem Premio Viareggio ausgezeichneten Roman «L'Agnese va a morire» (Turin 1949) von Renata Viganò.

[47] Galleria, Dez. 1954, S. 321.

# DER MONOLITH

## *Lavorare stanca*

> Carducci und Pascoli konnten uns nichts gelehrt haben; alles, was sie zu geben hatten, war überwunden worden, aufgesogen vom Dilettantismus und von D'Annunzio; und D'Annunzio selbst hatte elend in sich selbst geendigt, sich wiederholt und aus freien Stücken erschöpft, während er um sich sogar den Ekel vor dem Wort ließ.
>
> (Elio Vittorini, Oktober 1929)

Man darf den von Vittorini hervorgehobenen «Ekel am Wort»[1] der um 1930 auftretenden Generation nicht außer acht lassen, wenn man die literarische Bedeutung von Paveses Anthologie »Lavorare stanca« (Arbeiten macht müde) richtig verstehen will. Die erste Auflage erschien 1936 im Verlag Parenti in Florenz, aber obschon der Dichter in seinem 1934 abgefaßten Nachwort «Das Handwerk des Dichters» die Überzeugung zum Ausdruck brachte, er habe sein Werk, wenigstens eine Zeitlang, zum Besten gezählt, was man in Italien schrieb, nahm die Kritik von der Gedichtsammlung keinerlei Notiz. Dies änderte sich auch nicht wesentlich, als der Verfasser 1943 bei Einaudi eine neue und vermehrte Auflage der Anthologie veröffentlichte, über die er in einem kurzen und als Anhang veröffentlichten Aufsatz «Über gewisse noch ungeschriebene Gedichte» vom Februar 1940 Rechenschaft ablegte. Da nur zwei Jahre vorher der erste Roman Paveses «Paesi tuoi» geradezu einen aufsehenerregenden Erfolg erlebt hatte, ist die abermalige Gleichgültigkeit, auf die das Werk stieß, befremdend, auch wenn man nicht übersieht, daß die damalige politische Situation Italiens der Beschäftigung mit Dichtung alles andere als förderlich war.

Die siebzig Gedichte der endgültigen Fassung von «Lavorare stanca» umfassen die zwischen 1931 und 1940 entstandenen und für die Veröffentlichung bestimmten Verse des Schriftstellers. Sie sind mit den in ihrem Zusammenhang niedergeschriebenen kritischen Überlegungen ein wesentlicher Ausdruck von Paveses verbissener und kompromißloser Erschließung der eigenen dichterischen Welt: es gibt wenig Personen und Landschaften des späteren Prosawerkes, die sich nicht bereits in dieser Anthologie finden. Verschiedene Gedichte, die man für sich genommen als mißlungene Ansätze und gescheiterte Versuche, als Überanstrengung der

---

[1] Diario in pubblico, Mailand 1957, S. 9.

während ihrer Entstehung erschlossenen Poetik betrachten muß, bekommen wenigstens vom Gesamtwerk her gesehen ihren Sinn und ihre Rechtfertigung. Da dieses Gesamtwerk beim Erscheinen der Anthologie jedoch noch ausstand, konnte die Bedeutung von «Lavorare stanca», die Pavese später immer wieder unterstrich, zunächst übersehen werden.

Das erste uns zugängliche Ergebnis von Paveses dichterischen Bemühungen ist das erzählende Gedicht «I mari del Sud» (Die Südsee)[2], das aus der Perspektive eines jungen Mannes von der Heimkehr eines lange geradezu in mythischen Fernen verschollenen Vetters in die Langhe erzählt: in weit ausholenden, aber zugleich wortkargen Versen («Schweigen ist unsere Tugend»), stockend und stoßweise, entsteht die Gestalt des Heimgekehrten. Dieser nüchterne Stil wurde erst möglich, nachdem der Dichter — wie er in dem ersten der zitierten Aufsätze bekennt — durch die Phase «einer Lyrik zwischen Überschwang und Bohren»[3] gegangen war. Der Überschwang zerstörte die dichterische Substanz, da er «immer im pathologischen Schrei endigte», das bohrende Schürfen hingegen zerstörte sie, weil es «oft Selbstzweck» wurde[3]. Der Sechsundzwanzigjährige umriß hier zwei Gefahrzonen seines künftigen Schaffens: dionysische Thematik und intellektuelles Sezieren.

Drei Voraussetzungen waren nach Pavese für ein Gelingen seines dichterischen Wollens entscheidend geworden: die Vertiefung in die amerikanische Literatur, die Abfassung kleiner, halb im Dialekt geschriebener Novellen und, in Zusammenarbeit mit einem befreundeten Maler, die Herstellung einer dilettantischen Pornothek. Die Auseinandersetzung mit der amerikanischen Literatur brachte ihn in Berührung mit einer Kultur im Entwicklungsstadium, die novellistischen Versuche wiesen ihn auf die Menschen seiner Umgebung und was die erste dichterische Tätigkeit und die Zusammenstellung einer Pornothek betraf, so enthüllte sie ihm «das Handwerk der Kunst und die Freude über die besiegten Schwierigkeiten, die Grenzen eines Themas, das Spiel der Phantasie, des Stils und das Geheimnis der Angemessenheit eines Stils, was auch bedeutet, daß man mit dem eventuellen Hörer oder Leser rechnet.«[4]

Dichtung war für Pavese also von allem Anfang an eine Frage der Technik, wenn auch seine soziale Aufgeschlossenheit und seine Suche nach einem Publikum von vorne herein verhinderten, daß seine Verse zu einem abstrakten Spiel mit Worten wurden.

Eine der entscheidendsten Fragen, vor die sich alle mit einer Provinz verwachsenen italienischen Schriftsteller seit der Romantik gestellt

[2] Lavorare stanca, Turin 1943, S. 9—13.
[3] Ebenda, S. 163.
[4] Ebenda, S. 163.

sehen (es genüge der Hinweis auf Verga), war für Pavese das Verhältnis zum Dialekt seiner piemontesischen Heimat. In dieser Hinsicht zeigte ihm das Beispiel der amerikanischen Literatur den richtigen Weg: so wie die großen amerikanischen Erzähler sich damit begnügten, nur einzelne Wendungen aus dem Jargon ihrer Personen in die Schriftsprache aufzunehmen, so gab der junge Piemontese sich damit zufrieden, einzelne mundartliche Formen auf das Italienische aufzupfropfen, ohne dessen Bestand selbst zu gefährden. Pavese entging dadurch der Gefahr, den Anschluß an die Literatur seines Landes zu verlieren wie etwa im 19. Jahrhundert der Mailänder Carlo Porta oder der Napoletaner Salvatore di Giacomo, deren Wirkung auf den Umkreis ihrer Dialekte beschränkt blieb. Die Reden des Vetters werden daher auf Italienisch gegeben, obwohl er

«... nicht Italienisch spricht,
sondern langsam den Dialekt gebraucht, der wie die Steine
dieses nämlichen Hügels, so holperig ist,
daß zwanzig Jahre verschiedener Sprachen und Ozeane
ihn ihm nicht abgeschürft haben ...».[5]

Paveses Suche nach der richtigen Sprache war mit der Überzeugung verbunden, jedes dichterische Schaffen habe stets einen aufmerksamen Bezug zu den ethischen und praktischen Bedürfnissen der eigenen Um-

---

[5] Ebenda, S. 9 f. — Eingehend untersucht Franco Riva in seinen «Note sulla lingua della poesia di Pavese» (Lingua Nostra, Juni 1956/XVII, S. 47 bis 53) die Sprache von «Lavorare stanca». An praktischen Beispielen belegt er die Nähe von Paveses Sprache zum piemontesischen Dialekt und spricht — im Gegensatz zu Giorgio Bàrberi Squarotti (s. nächste Anmerkung) von einem «bewußten sprachlichen Realismus» (S. 48). Dieser sprachliche Realismus zeigt sich nach Franco Riva etwa in dem Gebrauch des bestimmten Artikels an Stelle des unbestimmten (in dem Beispiel «L'uomo fermo ha davanti colline nel buio» sehe ich allerdings in der Anwendung des bestimmten Artikels zu Beginn eines Gedichtes ein typisches Verfahren der modernen Lyrik), in der Verwendung der Pronomina (e lui girò tutte le Langhe fumando), die manchmal auch emphatisch und pleonastisch gebraucht werden (non lo temono il caldo). Ausgesprochen volkstümlichen Charakter hat die Anhäufung von Verneinungen (Neanche il mattino/non pareva un mattino oder: Non cerca nessuno/neanche Deola), der Gebrauch von «c'è, ce n'è» (Ragazzi/non ce n'è per le strade) von 'che' in Fällen wie «un età/che tiravo dei pugni nell'aria». — Wichtig für die rhythmische Linienführung von Paveses Versen sind folgende grammatikalische Besonderheiten: die unvermittelte Einfügung von Infinitiven (Qualche volta pioveva in città: spalancarsi/ del respiro e del sangue alla libera strada), der Gebrauch von Polysyndeta und Asyndeta, welche die Syntax in einer Zone der Ursprünglichkeit und der Umgangssprache halten (L'uomo vecchio annusava/ — non ancora sdentato —, la notte veniva,/ si mettevano a letto), plötzliche Übergänge von indirekter zu direkter Rede (Ma ancora ricorda/che, bambina, tornava anche lei col suo fascio dell'erba:/ solamente, quelli erano giochi).

gebung zu nehmen. Freilich, wie nicht zu Unrecht hervorgehoben wurde,[6] ist dieser sprachliche Provinzialismus nicht nur auf einen Hang zum Realismus[7] sondern auch auf eine erdverwurzelte Verbundenheit mit der Sprache der Heimat und der eigenen, eifersüchtig gehüteten Kindheit zurückzuführen.

Merkwürdigerweise äußerte sich der Dichter in seinen kritischen Aufzeichnungen nie über Montale und Ungaretti, an denen doch ein junger Schriftsteller, der in den dreißiger Jahren nach Meistern ausschaute, nicht vorbeigehen konnte, wie Vittorinis Kritiken aus dieser Zeit beweisen. Und wenn Eugenio Montale als Kennzeichen der modernen Lyrik die kritische Selbstzermarterung hervorhob[8], so traf er damit auch Wesentliches für das lyrische Schaffen Paveses, der allerdings nicht immer das Gleichgewicht zwischen dichterischer Eingebung und kritischer Überwachung zu halten vermochte.

Paveses Skepsis gegenüber der Rhetorik bezog sich nicht nur auf die akademische Sprache, sondern auch auf die herkömmlichen Metren, die er als Student allzu oft parodistisch gebraucht hatte, um sie noch ernst nehmen und zu anderen als komischen Wirkungen verwenden zu können. Auch der freie Rhythmus behagte ihm nicht «wegen der unordentlichen und launischen Überfülle, die er der Phantasie zuzumuten pflegt».[9]

Naheliegend wäre die Versuchung gewesen, die freien Rhythmen Whitmans, «die ich hingegen sehr bewunderte und fürchtete»,[10] nach-

---

[6] Giorgio Bàrberi Squarotti: Appunti sulla tecnica poetica di Pavese (Questioni, Jan./April 1959, S. 38—45).

[7] Lienhard Bergel (a. a. O., S. 409) hebt hervor, daß es bei Pavese (linguistisch gesprochen) um das richtige Verhältnis und Gleichgewicht zwischen «parole» und «langue» ging, so daß die persönliche Schöpfung in einem allgemein verbindlichen kulturellen Grund verankert werden konnte.

[8] Zitiert nach Luciano Anceschi — Sergio Antonielli: Lirica del Novecento, Florenz 1955, S. CIII. — Ebenda (S. LXXX f.) weist Anceschi auf gewisse Anklänge Paveses an Montale hin, so z. B. in dem Gedicht «La notte» (C'è un'eco di Montale, proprio scialba, e troppo discorsiva, svigorita; e non è certo uno dei buoni moti di Pavese). Allerdings unterstreicht Anceschi nicht genügend die Tatsache, daß dieses Gedicht erst 1938 entstand und damit wie ein großer Teil der späteren Gedichte Paveses zur hermetischen Dichtung tendierte, so daß G. Bàrberi Squarotti (a. a. O., S. 39) «di un tardo contatto di Pavese con l'ermetismo» sprechen konnte.

[9] Lavorare stanca, a. a. O., S. 165. — Pavese berührte sich in seiner Abneigung gegen den europäischen «versolibero della decadenca (Lett. americana, a. a. O., S. 151) aufs engste mit T. S. Eliots «Reflections on vers libre» von 1917: Vers libre has not even the excuse of a polemic; it is a battle cry of a freedom, and there is no freedom in art» (Selected Prose, Penguin Books 1955, S. 87).

[10] Lavorare stanca, a. a. O., S. 165.

zuahmen, aber Pavese wußte, daß sich sein Temperament zu sehr von dem des Amerikaners unterschied, als daß er sich ihrer hätte mit Erfolg bedienen können. Ihm fehlte die mit der Gewalt des Meers immer wieder gegen die Dinge anbrandende Kraft Whitmans, der einen neuen Kontinent zu erschließen, zu ordnen und zu bewältigen hatte. Die Stadt ist in «Lavorare stanca» keine «ville tentaculaire» wie bei Verhaeren oder bei den Expressionisten, sondern das traditionsgebundene Turin, das in ständigem Wechselbezug mit den umliegenden Höhen und Hügeln steht. Die besten Verse Paveses sind das Ergebnis eines langen Schweigens: ruckweise bricht die Erzählung hervor, wo der hinter der Verhaltenheit stehende Gegendruck nicht mehr abgebremst werden kann. Bei Whitman hingegen treibt das staunende Entdecken einer sich immer mannigfaltiger darbietenden Wirklichkeit den Vers über das Zeilenende hinaus.

Pavese fand seinen eigenen Rhythmus dank der von Kind an gepflegten Gewohnheit, jene Sätze der von ihm gelesenen Romane (Paveses Vers stammt also aus der Prosa!), die ihn besonders ob ihrer «emphatischen Kadenz» beeindruckt hatten, anzustreichen und vor sich hinzumurmeln. Prosaisch ist in der Tat die Kadenz seiner Gedichte im Langvers, die nichts von dem freihinströmenden Pathos der «Leaves of grass» aufweist, sondern der bedächtigen und schwerfälligen bäuerlichen Umwelt entspricht, in der viele Gedichte spielen.

Eine Wortfolge, die der Dichter eines Tages vor sich hinmurmelte, bildete den Ausgangspunkt für die «Mari del Sud»; so entdeckte er im Lauf der Zeit «die inneren Gesetze dieser Metrik und die Endecasillabi verschwanden»[11], und sein Vers enthüllte sich als drei festen Typen zugehörig, die er dann bei der Abfassung jedes künftigen Gedichtes voraussetzen konnte. Das Mißtrauen gegenüber dem traditionellen Endecasillabo, den Ungaretti «wegen der unendlichen Möglichkeiten, die er im Lauf seines langen Lebens errungen hat»[12], auch für die moderne italienische Dichtung als unerläßlich betrachtete, darf bei einem Dichter nicht verwundern, der zunächst als eine grundlegende Voraussetzung für gültiges Schaffen den Bruch mit der akademischen Tradition betrachtete. Im Gegensatz zu Ungaretti und Montale, die sich immer wieder auf Leopardi beriefen, konnte Pavese zunächst allenfalls auf ein so piemontesisches Phänomen wie Guido Gozzano (1883—1916), den wichtigsten Vertreter der «Crepuscolari», zurückgreifen.

Lange Verszeilen kamen auch rein äußerlich Paveses Bedürfnis zur Mitteilung entgegen, denn er fühlte, daß er viel zu sagen hatte, «daß

[11] Ebenda, S. 166.

[12] Di Ungaretti sulla Poesia (Luciano Anceschi: Lirici nuovi, Mailand 1943, S. 107).

er nicht bei einer musikalischen Grundlage stehen bleiben durfte, sondern vielmehr eine Logik befriedigen mußte».[13] Dieses Fehlen der musikalischen Komponente, das besondere Herausarbeiten des Erzählerischen, wenigstens in den ersten Gedichten, lapidare Wucht, bäuerliche Schwerfälligkeit und holzschnittartige Ungelenkheit bestimmen den größten Teil von «Lavorare stanca», das zweifellos eine der unlyrischsten Anthologien darstellt, die je geschrieben wurden, wenn man Lyrik mit E. Staiger als eine unmittelbar zum Herzen sprechende Wortmusik versteht. Bei Pavese besteht die «Gefahr des Zerfließens» nicht, er verzichtet nicht auf grammatischen, logischen und anschaulichen Zusammenhang, seine Verse klingen nicht auf «als kämen sie aus der eigenen Brust»,[14] sie sind ohne Schmelz.

Die Gedichte von «Lavorare stanca» mit ihrer häufig anapästischen Kadenz sind ohne Melodie, sie wenden sich nicht so sehr an das Gehör als vielmehr an das Gesicht: Nähe und Ferne (in zeitlicher wie in räumlicher Hinsicht) spielen eine große Rolle. Das Hereinwirken der Vorfahren, das Wechselverhältnis von Stadt und Land, von Straße und Hügel, ihre Linien und ihr Volumen sind die Leitmotive der Anthologie.[15] Pavese konnte «Lavorare stanca» daher «die Erweiterung von S. Stefano auf Turin» und «seine Eroberung» nennen: «Das Dorf wird Stadt, die Natur wird menschliches Leben, der Knabe wird Mann. Wie ich sehe, ist 'von S. Stefano nach Turin' für dieses Buch ein Mythos von allen nur erdenklichen Bedeutungen.» (Tg. 16. 2. 1936).

Das unaufdringliche Ich des Dichters steht der Landschaft gegenüber «und alles, was er zu sagen hat, sagt er auf Grund der Dinge, die ihn umgeben» (Vittorini über Ungaretti).[16] Die Landschaft erscheint oft durch den Vordergrund eines Tür- oder Fensterrahmens, Lieblingsbilder des der Wirklichkeit gegenüber stets zum Rückzug bereiten und vor der «Eroberung» Turins in Wirklichkeit zurückschreckenden Pavese.

---

[13] Lavorare stanca, S. 166.

[14] E. Staiger: Grundbegriffe der Poetik, 3. Auflage, Zürich 1956, S. 51 ff. — Man beachte etwa die harte Fügung in Versen wie «... Ho veduto cadere/ molti frutti, dolci, su un'erba che so,/con un tonfo ...» (Lavorare stanca, S. 43), wo die Häufung der dumpfen o-Laute die Klangwirkung des Falles zwar unterstreicht und das nachgestellte, durch die Interpunktion isolierte «dolci» die einsetzende Fallbewegung noch einmal staut, die Frucht gleichsam im Augenblick der Reife festhält; aber das prosaische «su un'erba che so» reißt die gestaute Bewegung urplötzlich weiter zu dem jähen Abschluß des Aufpralls.

[15] Hierzu vgl. man besonders den vorzüglichen «Essay sur C. P.» von Dominique Fernandez (Le roman italien et la crise de la conscience moderne, Paris 1958, S. 137—211.

[16] Diario in pubblico, a. a. O., S. 57.

«Der Hügel breitet sich aus, und stille tränkt ihn der Regen.
Es regnet auf die Häuser: das schmale Fenster
Hat sich mit einem frischern und nackteren Grün gefüllt.»
(Dopo)[17]

«Der Hügel ist nächtlich im klaren Himmel.
Ihm fügt sich ein dein Haupt, das kaum sich rührt
Und jenen Himmel begleitet.» (Notturno)[18]

«Ein schmales Fenster im ruhigen Himmel
besänftigt das Herz;» (Poggio reale)[19]

Das Hügelland des Monferrato erscheint in den Gedichten Paveses mit der gleichen Häufigkeit wie Sainte-Victoire in den Gemälden des alten Cézanne, und die Menschen, die darin auftauchen, wirken oft nur wie Bezugspunkte, die durch ihre Bewegung den statischen Charakter der durch Hügel oder Häusermassen und eine abstrakt-einfache Vegetation gebildeten Landschaft nur umso nachdrücklicher hervorheben.

Deutlicher noch als in den piemontesischen Gedichten wird das Vorherrschen des Raumes in einer zur Reglosigkeit erstarrten Zeit in den während der Verbannung in Calabrien entstandenen Gedichten. Hier wird der Mensch von der lastenden Schwere der Berge in der Vertikalen und der monotonen Unendlichkeit des Meers in der Horizontalen erdrückt und isoliert.

«Einsamer Mann vor dem nutzlosen Meer,
Er erwartet den Abend, er erwartet den Morgen.
Dann in der Nacht, wenn das Meer verschwindet, hört man
die große Leere, die unter den Sternen ist.» (Paternità)[20]

Öde und trostlos ist die Zeitdimension der in der Verbannung entstandenen Gedichte, sobald sie ins Bewußtsein tritt, da der Leerlauf der Tage keine Öffnung nach vorn in die Zukunft und die stumme Verzweiflung über das Fernsein der Heimat keine Daseinsbereicherung aus der Erinnerung mehr zuläßt. Pavese ist nie wie der echte Lyriker in den Dingen, sondern er steht ihnen und auch den Mitmenschen stets gegenüber. In «Lavorare stanca» gibt es daher auch keine Liebesgedichte, denn wo eine Begegnung von Mann und Frau stattfindet, da macht sie den Abstand zwischen den Geschlechtern nur umso deutlicher.

---

[17] Lavorare stanca, a. a. O., S. 60.

[18] Ebenda, S. 44.

[19] Ebenda, S. 138.

[20] Ebenda, S. 154.

Grenzfälle stellen jene Gedichte dar, in denen die Konstruktion einer zusammenhängenden Landschaft kaum mehr gelingt und die Dinge geradezu schlaff werden:

«... Müd hängt am Himmel
ein grünlicher Stern, überrascht von der Dämmerung.
Lohnt es sich, daß die Sonne aus dem Meer steigt
und der lange Tagesablauf beginnt?» (Lo Steddazzu)[21]

In «Grappa a settembre» (Branntwein im September, 1934) war es Pavese noch gelungen, einen Augenblick «gebändigter Zeit» (Ungaretti)[22] festzuhalten:

«Es ist ein Augenblick gekommen, wo alles stille steht
und reift. Die Bäume stehen ruhig in der Ferne:
sie sind dunkler geworden, verbergen Früchte,
die beim ersten Stoße fallen würden. ...»

Es ist eine in sich geschlossene Welt, denn

«... die Frauen
werden nicht die einzigen sein, welche den Morgen genießen».[23]

In «Steddazzu» hingegen fallen die Dinge auseinander. Der Dichter, der in die Umgebung eines Landes ohne Erinnerungen verbannt ist, vermag auch die Gegenstände im Raum nicht mehr zusammenzufügen. So entsteht jener Realismus im Sinne Cocteaus,[24] der die Dinge aus ihren normalen Zusammenhängen löst und ihr fremdartiges Wesen isoliert. Der Stern im «Steddazzu» würde geradezu zu einer apokalyptischen Drohung, wäre er nicht «müd» wie die ganze Umgebung.

Die verschiedenen Gestalten der Anthologie gestatten es dem Dichter, die Wirklichkeit unter einem stets neuen Blickwinkel anzuvisieren. Man sieht sich an E. L. Masters Verfahren in der «Spoon River Anthologie» erinnert, wenn in der ersten Zeile die Person eingeführt wird, die uns die scheinbar bereits vertraute Umgebung von «Lavorare stanca» in ein neues Licht rückt:

«Es spricht der magre junge Mann, der in Turin gewesen.»
(Terre bruciate)[25]

«Der betrunkene Mechaniker liegt glücklich in einem Graben ausgestreckt.» (Atlantic Oil)[26]

---

[21] Ebenda, S. 156/7.
[22] L. Anceschi: Lirici nuovi, a. a. O., S. 109.
[23] Lavorare stanca, S. 89/90.
[24] Vgl. R. Brinkmann: Wirklichkeit und Illusion, Tübingen 1957.
[25] Lavorare stanca, S. 50.
[26] Ebenda, S. 95.

«Der Freund spricht wenig, und dies wenige ist verschieden.»
(Mediterranea)[27]

«Der einsame Mann — der im Gefängnis gewesen — ...»
(Semplicità)[28]

«Der alte Mann, über alle Dinge enttäuscht...»
(L'istinto)[29]

Pavese erarbeitete sich in diesen Gedichten systematisch bereits jenen Reichtum an Perspektiven, der dann seine Romane und Erzählungen kennzeichnet.

Auf die Angst vor dem bereits Fertigen und dem Hergebrachten geht des Dichters anfängliches Bemühen um die «Erzählung von Versen» zurück: es beruhte auf der Scheu vor dem als rhetorische Floskel verstandenen Bild. Pavese sah zunächst nur einen Ausweg in der «engen, leidenschaftlichen Anschmiegung an den Gegenstand»[30]. Freilich, dieser Versuch, einer scheinbar für die Dichtung verlorenen Welt, dem bäuerlichen Piemont, zum Ausdruck zu verhelfen, barg die Gefahr in sich, daß das Subjekt des Dichters von der Aufdringlichkeit der Objekte erdrückt wurde. Pavese gab sich auch darüber Rechenschaft:

«Was nicht angeht, ist, daß man einen Gegenstand sucht und diesen sich seiner psychologischen oder romanhaften Natur entsprechend entwickeln läßt und die Ergebnisse registriert, das heißt, daß man sich mit dieser Natur identifiziert und feige ihre Gesetze walten läßt. Das heißt dem Gegenstand nachgeben. Und das gerade tat ich«.[30]

Es war die naheliegende Reaktion eines Dichters, der sich trotz seines realistischen Programms nicht von seinem Gegenstand beherrschen lassen, sondern durch eine immer gründlichere Kenntnis seines Berufs frei darüber verfügen wollte. Pavese übersah allerdings, daß auch die «Mari del Sud» nicht nur das Ergebnis eines unbedachten Augenblicks waren oder eine Schöpfung, über die er die Kontrolle verloren hatte, sondern ganz im Gegenteil die Frucht eines streng überwachten Ausscheidungsprozesses.

Als der Dichter 1934 seinen ersten Rechenschaftsbericht über sein Handwerk ablegte, war er bereits von dem Gedanken beherrscht, durch Bilder zu erzählen: darauf geht es zurück, daß die «Mari del Sud» in ihrer erzählerischen Breite und ihren 123 Verszeilen Paveses längstes Gedicht blieben. Im Lauf der Jahre gestattete die mehr andeutende Form seiner Bild-Erzählungen ein immer strafferes Zusammenziehen der

[27] Ebenda, S. 143.
[28] Ebenda, S. 150.
[29] Ebenda, S. 152.
[30] Ebenda, S. 165.

Aussage, so daß Länge und Zahl der Verse immer knapper wurden und schließlich bei den Kurzzeilen der postum veröffentlichten Anthologie «Verrà la morte e avrà i tuoi occhi» endeten.

Als Ausgangspunkt seiner «Bild-Erzählungen» betrachtete Pavese das Gedicht «Paesaggio I» (Landschaft I), in dessen Mittelpunkt die Gestalt eines Einsiedlers steht, der großenteils von der ihn umgebenden Landschaft geformt ist und von dem es heißt, er sei «von der Farbe verbrannten Farns». Es handelt sich also um einen Vergleich aus der Malerei, da der Dichter, kurz bevor er mit der Ausarbeitung der «Landschaft» begann, «gewisse durch Augenfälligkeit der Farbe und Fähigkeit des Aufbaus verblüffende Bilder»[31] des befreundeten Malers Sturani gesehen und bewundert hatte. Es sollte sich dabei jedoch keineswegs um einen Rückfall in die bereits verdammte Bildrhetorik handeln, da das Bild nicht als «mehr oder weniger willkürlicher, der erzählenden Gegenständlichkeit aufgesetzter Schmuck» verstanden wurde, denn «dieses Bild war in unklarer Form die Erzählung selbst.» Das Verhältnis zwischen Farn und Einsiedler war nicht einfach eine Parallele, sondern eine «phantastische Beziehung» zwischen Einsiedler und Landschaft . . . , die selbst den Gegenstand der Erzählung bildete«.[31]

Dieses neue Verhältnis zum Bild — so gesteht Pavese — verdankte er unter anderem auch der Lektüre der elisabethanischen Dichter, auf die er durch seine Beschäftigung mit Melville und wohl auch durch die von ihm allerdings nicht erwähnten Aufsätze T. S. Eliots gestoßen war. Er überzeugte sich davon, daß die Bedeutung der Bilder im Zeitalter Shakespeares «nicht so sehr in der rhetorischen Bedeutung eines Vergleichs» beruhte, als vielmehr in ihrer Rolle als Teile einer auf ihrem Wechselverhältnis beruhenden umfassenden phantastischen Welt. Wie Lienhard Bergel dazu richtig hervorhob, steht diese moderne Interpretation der englischen Literatur um 1600 in einem gewissen Zusammenhang mit der Relativitätstheorie Einsteins, die ja auch nicht mehr mit materiellen Teilchen arbeitet, sondern mit Bezugssystemen.[32]

Befremdend ist dabei, daß Pavese, der nicht selten auf Baudelaire die Sprache bringt, nie das Verhältnis seiner «phantastischen Beziehungen» zu den «Correspondances» der «Fleurs du Mal» erörtert. Hätte der Dichter schließlich seine Augen weniger eifersüchtig vor der italienischen Dichtung seiner Zeit verschlossen, dann hätte ihm nicht entgehen können, daß Ungarettis bereits 1929 geäußerte Ansicht, die

[31] Ebenda, S. 167.

[32] L'Estetica di C. P., a. a. O., S. 413. — Bergel zeigt außerdem, wie eng sich Paveses Ergebnisse mit denen Wilson Knights berühren, allerdings ohne daß eine gegenseitige Beeinflussung stattfand.

moderne Dichtung suche «das in Berührung zu bringen, was am entferntesten sei»[33] seiner eigenen Ästhetik recht nahe kam.

Der auf kritischer Ebene geforderte Durchbruch zu einer neuen Dichtung im Dienste der «Bilderzählung», des «immagine-racconto» erscheint in «Lavorare stanca» viel weniger einschneidend, als der Dichter selbst annehmen mochte. Er war nicht in der Lage, sich ruckartig von seinem «naturalistischen» Dichten loszulösen, denn im Mittelpunkt seiner «Landschaft I» steht eine satyrähnliche Gestalt, über deren veristische Aspekte die in dem naturalistischen Erzählschema erhellten «phantastischen Beziehungen» nicht hinwegtäuschen können. Andererseits entging es offensichtlich dem Dichter, daß er bereits in den 1931 entstandenen «Antenati» eine «phantastische Beziehung» zwischen Einst und Jetzt hergestellt hatte. In dem «Incontro» von 1932 finden sich schließlich mindestens ebensoviele «rapporti fantastici» wie in «Landschaft I», und es enthält sogar einen durch «wie» eingeleiteten Vergleich:

«... Sie ist wie der Morgen. Sie deutet mir in ihren Augen
auf alle fernen Himmel jener vergangenen Morgen hin.»

Und schließlich bekennt der Dichter:

«Ich habe sie aus dem Grund all jener Dinge geschaffen,
die mir am teuersten sind, und sie zu verstehen, gelingt mir nicht.»[34]

Hier spüren wir nichts von dem «Nachgeben dem Gegenstande gegenüber»,[35] das an den ersten Gedichten verworfen wurde. Die «Begegnung» entspricht vielmehr bereits dem Programm von 1940, demzufolge die Gedichte nicht mehr «in einer naturalistischen Erzählung»[36] zusammenfaßbar sein sollen. Die Erscheinung dieser Frauengestalt wirkt wie das Auftreten der Muse selbst. Zum Glück gilt die von Pavese gegenüber Baudelaire verfochtene Meinung, in der Dichtung sei nicht alles vorauszusehen, und beim Schaffen wähle man manchmal Formen, die nicht aus Vernunft wahrgenommen wurden, sondern aus Instinkt (Tg. 1. 10. 35) auch für sein eigenes Werk, sonst wäre ein allzu großer Teil von «Lavorare stanca» unverbrannte Schlacke, Vorstudie zum späteren Prosawerk und allzubewußte Verwirklichung der eigenen Poetik geblieben. Pavese entging dies nicht, wenn er bekennt: «manchmal erschien mir der nackte und fast prosaartige Vers der 'Südsee' oder von 'Deola' gerechtfertigter als der lebhafte, biegsame, mit phantastischem Leben durchtränkte von 'Verfasserbildnis' oder 'Landschaft IV'».[37]

[33] zitiert nach L. Anceschi: Lirici nuovi, a. a. O., S. 108.
[34] Lavorare stanca, S. 37/38.
[35] Ebenda, S. 165.
[36] Ebenda, S. 174.
[37] Ebenda, S. 169.

Bei «Verfasserbildnis» (1934) handelt es sich in der Tat lediglich um eine geradezu automatische Umsetzung der auf die 'Bild-Erzählung' bezüglichen Poetik Paveses. Es dürfte kaum jemand gelingen, in diesen von prosaisch-lähmendem Gestank beherrschten Versen die von Pavese festgestellte «Durchtränktheit mit phantastischem Leben»[37] nachzuweisen. Ähnlich versündigt sich auch «L'istinto» (Der Instinkt) von 1936 an dem guten Geschmack. Ein Alter betrachtet von der Schwelle seines Hauses aus einen Hund und eine Hündin:

«Der alte Mann erinnert sich, wie er einmal bei Tag
Wie ein Hund sich benahm in einem Getreidefeld.
Er weiß nicht mehr, mit welcher Hündin, aber erinnert sich
An die heiße Sonne und den Schweiß und die Lust, nie aufzuhören.»[38]

Durch diese Entgleisungen seiner Gedichte ins Prosaische wurde Pavese gewaltsam zur Prosa hingeführt, und seine «lyrischsten» Gedichte konnte er dann geben, als er die realistische Umwelt von «Lavorare stanca» in Prosa zu erzählen begann, so daß er nun zwei Ausdrucksformen erschlossen hatte. Pavese war in der Tat das Willkürliche verschiedener 'rapporti fantastici' nicht entgangen:

«Den objektiven Sachverhalt mit der phantastischen Erzählung über eine konkretere und bewußtere Wirklichkeit ersetzen, geht in Ordnung, sagte ich mir, aber wo soll diese Erforschung phantastischer Bezüge stehen bleiben, d. h. welche Rechtfertigung hinsichtlich der Angemessenheit wird die Wahl einer Beziehung an Stelle einer anderen haben?»[39]

Hier setzte bereits die künstlerische Krise ein, die in den Überlegungen der «Secretum professionale» betitelten und in der Verbannung niedergeschriebenen ersten Tagebuchseiten ihren Niederschlag fand. Der Dichter hat nun das Gefühl, an einen Punkt gelangt zu sein, wo er, noch ehe er das Gedicht schreibt, bereits den dazugehörigen Essay entwirft (Tg. 17. 10. 35), und resigniert bekennt er: «Das Land ist ganz und gar sondiert und vermessen, und ich weiß, worin meine Eigenart besteht» (15. 10. 35). Die Form von «Lavorare stanca» genügt ihm nicht mehr, und doch hält er im Rahmen der Anthologie keine Neuerung mehr für möglich. «Aber warum», — so fragt er sich, — «da ich mich bis jetzt wie aus Laune nur auf die Versdichtung beschränkt habe — versuche ich nie eine andere Art?» Allerdings «... die Form zu ändern aus einem dummen Einfall, nur um den Gehalt zu erneuern, schiene mir dilettantisch» (Tg. 6. 10. 35). Ein Ausweg deutet sich jedoch bereits an, denn nur in Prosa glaubt Pavese das Geheimnis lösen zu kön-

[38] Ebenda, S. 152.

[39] Ebenda, S. 168.

nen, «die phantasie- und sentenzreiche Dichtart von 'Lavorare stanca' zu verschmelzen mit der verrückten, realistisch auf ein Publikum gestimmten der 'pornoteca'» (Tg. 17. 10. 35).

Entscheidend an dieser Bemerkung ist der Wunsch nach immer größerer Synthese, auf die Paveses ganzes künftiges Schaffen abgestellt ist. Er begnügt sich bald nicht mehr mit den «phantastischen Beziehungen» im Bereich eines Gedichts, sondern entdeckte nun auch Zusammenhänge zwischen den einzelnen Gedichten. Während er noch 1934 in den Gedichten seiner Anthologie «keinen phantastischen und im Grunde genommen nicht einmal begrifflichen Übergang»[40] feststellen zu können glaubte und jedes einzelne Gedicht als «eine für sich bestehende Struktur» betrachtete, «jedes Gedicht als eine Erzählung»,[41] bestrebt er sich jetzt, «Lavorare stanca» «mit sozusagen unterirdischer Geschicklichkeit zu einer Dichtung zusammenlaufen zu lassen» (Tg. 17. 2. 36). Was früher für den unter dem Einfluß von Croces Ästhetik stehenden Dichter einer Verurteilung seines Schaffens gleichgekommen wäre, wurde jetzt für den Bewunderer der «sagenhaften Bauleute» Homer, Dante und Shakespeare mit ihrer «differenzierten Einheit» (Tg. 23. 2. 36) ein mit Überraschung festgestellter Vorzug,[42] denn «... die Einheit einer Gruppe von Gedichten ... ist kein abstrakter Begriff, welcher der Abfassung zugrunde gelegt werden muß, sondern ein organischer Kreislauf von Anhaltspunkten und Bedeutungen, der sich allmählich konkret bestimmt».[43]

Zusammenfassende Konstruktion war für Pavese in den Krisenjahren nicht nur eine Angelegenheit, die sich auf sein «Handwerk des Dichtens» erstreckte, sondern er sah seine ganze Existenz damit verknüpft:

„Es bedeutet nicht nur ein Gleichnis, wenn man die Parallele zieht zwischen einem Leben wollüstiger Hingabe und dem Verfassen vereinzelter, kleiner Gedichte, nur ab und zu, ohne Verantwortung dem Ganzen gegenüber. Hieraus folgt die Gewohnheit, sprunghaft zu leben, ohne Entwicklung und ohne Grundsätze» (Tg. 20. 4. 36).

---

[40] Ebenda, S. 161.

[41] Ebenda, S. 162.

[42] Wie eng sich Paveses Ästhetik mit der B. Croces berührt, weist L. Bergel nach (a. a. O., S. 417): «La definizione che Pavese dà dello stile corrisponde quasi verbatim a quella di Croce: «Lo stile è nient'altro che la visione individuale della realtà» (Croce); «Lavorare di stile, cercare cioè di creare un modo d'intendere la vita» (Pavese). Lo «stile» è quell'elemento dell'arte che gli dà la sua qualità percettiva, «la cadenza significativa nella diversità del reale».

[43] A proposito di certe poesie non ancora scritte (Lavorare stanca, S. 170—174; S. 171).

Um dieses Strebens nach dem Ganzen willen zwängte Pavese in der endgültigen Ausgabe seine Gedichte in sechs Gruppen zusammen: Vorfahren, Nachher, Stadt auf dem Land, Mutterschaft, Grünes Holz, Vaterschaft. Für uns ist die bei einem immer wieder auf Früheres zurückgreifenden Dichter doch unlösliche Frage, ob einige Gedichte der endgültigen Fassung «der Abschluß einer alten Gruppe oder der Anfang einer neuen» sind,[44] zweitrangig, wesentlicher ist die Frage nach ihrer Gültigkeit.

Persönlichste Schöpfung Paveses ist die Welt seiner Arbeiter, Bauern, Dirnen und Vagabunden, die er in ihren wesentlichen Gesten vorführt und festhält. Diese realistischen Gestalten zeichnen sich ab auf dem Hintergrund einer immer intensiver erlebten Landschaft: der Naturalismus der meisten frühen Gedichte mit ihren geradlinigen Erzählungen wird allmählich in das Spannungsfeld einer symbolisch verdichteten Wirklichkeit aufgelöst. So kehrt etwa die oberflächliche und banal-sympathische Dirne Deola von 1932 («Ein Kunde jeden Abend / genügt ihr und sie hat zu leben»)[45] in der in das Wechselverhältnis von Stadt und Land eingespannten «Puttana contadina» (Bauerndirne) von 1937 in einer menschlich vertieften und in den Schlußversen epigrammatisch umrissenen Gestalt wieder:

«Oftmals kehrt langsam im trägen Erwachen
jener verstreute Geruch ferner Blumen,
von Stall und Sonne zurück. Es gibt keinen Mann,
der um die zarte Liebkosung jener herben Erinnerung weiß.
Es gibt keinen Mann, der hinter dem hingestreckten Leib
auch jene Kindheit sieht, die sie in unerfahr'ner Begierde
verbracht.»[46]

Freilich, diese Vertiefung des Hintergrundes, diese Verlagerung der Wechselbeziehungen zwischen den Dingen in eine immer weniger greifbare Wirklichkeit gefährden den Bestand dieser letzten Gedichte von «Lavorare stanca» nicht weniger als die den Dichter erdrückende gegenständliche Unmittelbarkeit der ersten Verse.

An Stelle der wuchtigen oder erdhaft-ursprünglichen Menschen in den vor der Verbannung entstandenen Gedichten tritt mit «Semplicità»

---

[44] Ebenda, S. 171.

[45] Lavorare stanca, S. 57.

[46] «Molte volte ritorna nel lento risveglio
quel disfatto sapore di fiori lontani
e di stalla e di sole. Non c'è uomo che sappia
la sottile carezza di quell'acre ricordo.
Non c'è uomo che veda oltre il corpo disteso
quell'infanzia trascorsa nell'ansia inesperta.» (Lavorare stanca, S. 55).

(1935), «Paternità» (1935) und «Lo Steddazzu» (1936), «l'uomo solo», der einsame Mann, und schließlich bleibt nur noch die über allem Menschlichen stehende Gezeit von Tag und Nacht, von Sommer und Winter. Der von der Arbeit ermüdete Mensch oder das noch unbewußte Kind können nur staunend Ereignisse eintreten sehen, die ihr Fassungsvermögen übersteigen. Gestalten wie der gedrungen-massige Riese im «Balletto» (1933) finden sich in den späten Gedichten nicht mehr: der Mensch löst sich immer mehr in der Landschaft auf. Diese Entwicklung setzte bereits mit dem Eremiten in «Landschaft I» ein, aber der mit Ziegenfellen bekleidete, pfeifenrauchende Sonderling beherrscht doch die ganze Umgebung, in die er sich zurückgezogen hat. In den späten Gedichten wird dies anders: wie einst schon in der zunächst isolierten, aber auf spätere Entwicklungen vorausgreifenden «Begegnung» erscheinen nun Frauengestalten, wie sie der junge Pavese nicht kannte.[47] Gibt sich die Bauerndirne dem Strom ihrer Kindheitserinnerungen hin, so widerstehen die «Donne appassionate» (1935) nur mit Mühe der lockenden Versuchung des Wassers:

«Die Mädchen haben Angst vor den unter den Wellen
begrabenen Algen, die Beine und Schultern ergreifen:
alles, was nackt ist am Körper. Sie steigen schnell wieder ans Ufer
und rufen sich bei Namen, während sie um sich schauen.»[48]

In den letzten Gedichten von 1940 handelt es sich schließlich nur noch um Gesichter, die nicht mehr in ein eigenständiges Sein treten, sondern ein Teil des Linienspiels der Landschaft geworden sind:

«Das halb geschlossne Fenster enthält ein Antlitz
über dem Felde des Meers. Die losen Haare
begleiten die sanfte Bewegung des Meers.
Keine Erinnerungen stehen in diesem Gesicht.
Nur ein flüchtiger Schatten, wie der einer Wolke.» (Mattino)[49]

---

[47] In den «Antenati» von 1931 verband die Männer mit den Frauen noch nichts Gemeinsames:

«Siamo pieni di vizi, di ticchi e di orrori/ — noi, gli uomini, i padrl — qualcuno si è ucciso,/ ma una sola vergogna non ci ha mai toccato,/ non saremo mai donne, mai ombre a nessuno.» (Lavorare stanca, S. 15)

«La vecchia ubriaca» (1937) ist sich hingegen des ohne Rücksicht auf das Geschlecht allen gemeinsamen Schicksals bewußt.

[48] Lavorare stanca, S. 48.

[49] Ebenda, S. 42.

«Der Hügel steht nächtlich im klaren Himmel.
Ihm fügt sich ein dein Haupt, das kaum sich rührt
und jenen Himmel begleitet. Du bist wie eine flüchtig
in Zweigen geschaute Wolke. Dir lacht in den Augen
Die Fremde eines Himmels, der dir nicht gehört.» (Notturno)[50]

Die gemessenen und schwerfälligen Gesten müder Bauern weichen in diesen letzten Gedichten von 1940 einem hintergründigen Wechselspiel von Erinnerung und Landschaft:

«Die Erinnerungen beginnen am Abend
unter dem Atem des Windes ihr Antlitz zu heben
und auf die Stimme des Flusses zu lauschen.» (Paesaggio VIII)[51]

Mittelpunkt des Gedichtes ist nun nicht mehr ein in seiner unmittelbaren Gegenwärtigkeit vor uns hingestellter Mensch, sondern die Vergangenheit selbst, die mit ihren vergessenen, zum Stummsein verdammten Gesichtern herandrängt, wie etwa in dem Gedicht «La voce» von 1938.

«Aber die Stimme kehrt nicht zurück, und das ferne Flüstern
kräuselt nicht die Erinnerung.»[52]

Wie bereits festgestellt wurde und aus den angeführten Beispielen genügend erhellen dürfte, zeigt eine aufmerksame Lektüre der zwischen der ersten Ausgabe der Anthologie und dem Tod des Schriftstellers entstandenen Gedichte, daß er sich — wenigstens in seinen Versen — immer mehr der hermetischen Dichtung näherte, die in Italien in der Zwischenzeit bereits die wichtigsten Ergebnisse gezeitigt hatte. Der wirkliche Neuansatz Paveses ist daher nicht in seinem lyrischen Nachsommer, sondern in seinem entscheidenden Durchbruch zur Prosa zu sehen.

[50] Ebenda, S. 44.
[51] Ebenda, S. 123.
[52] Ebenda, S. 116.

## DER KERKER DES EIGENEN ICH

### *Erste Erzählungen* und der Roman «*Il carcere*»

> Wer es nicht versteht, so zu leben, daß er den Nächsten liebt und den Schmerz der andern mit umfaßt, erhält seine Strafe darin, daß er den eigenen mit unerträglicher Heftigkeit empfindet. Den Schmerz kann man in sich aufnehmen nur, wenn man ihn zu allgemeinem Schicksal erhebt und mit den andern, die leiden, mitfühlt. Die Strafe des Egoisten ist die, daß er dies nur merkt unter der Peitsche und vergeblich versucht, die Nächstenliebe zu lernen aus Interesse.
>
> (Tagebuch, 30. 1. 1945)

Die jahrelange Beschäftigung mit den Gedichten der Anthologie «Lavorare stanca» führte Pavese in eine Sackgasse, aus der er nur durch eine durchgreifende Änderung seiner Form ausbrechen konnte. Er nahm diesen Wechsel vom Vers zur Prosa keineswegs auf die leichte Schulter, aber das sichere Gefühl, die lyrische Substanz seines Gedichtzyklus nun bis zu einem Punkt ausgebeutet zu haben, der nur noch eine mechanische Wiederholung des bereits Gesagten gestattete, drängte ihn unerbittlich auf eine neue Straße: «In Lavorare stanca floß meine ganze Erfahrung von dem Tage an, an dem ich die Augen auftat, und die Freude, mein erstes Gold ans Licht zu fördern, war so groß, daß ich keine Eintönigkeit spürte. Damals war alles in mir noch zu entdecken. Nun die Ader abgebaut ist, habe ich mich viel zu sehr erschöpft und genau bestimmt, als daß ich noch die Kraft hätte, mich mit großen Hoffnungen auf ein Schürfen zu stürzen. ... Außerdem habe ich bei den unzähligen vor-dichterischen Versuchen die Möglichkeiten der Prosa-Erzählung und des Romans, indem ich sie völlig auspreßte, gerade fallen lassen. Zu genau kenne ich die Hindernisse dieses Weges, dem ich auch die belebende Freude der ersten Berührung genommen habe. Und doch muß man ihn durchlaufen» (Tg. 15. 10. 1935).

Man könnte zunächst annehmen, dieses wachsende Bedürfnis des Dichters nach Prosaform gehe darauf zurück, daß er unter dem Eindruck der Erlebnisse während der Verbannung zum politischen Roman hingeführt worden sei: überraschend ist jedoch die Tatsache, daß das Tagebuch kaum einen Aufschluß über die persönlichen Demütigungen während der Verbannung gibt. Die Erfahrungen der Haft und der Monate in Süditalien lassen sich hingegen in den nach der Rückkehr aus Calabrien geschriebenen Erzählungen «Terra d'esilio» (5.—24. Juli 1936) und «L'intruso» (30. Dez. 1936 bis 14. Jan. 1937) nachweisen, die mit «Viaggio di nozze» und «Suicidî» die abgerundetsten Texte des postum erschienenen Bandes «Notte di festa» darstellen. Sie entsprechen allerdings nicht dem herkömmlichen Bild Paveses als eines meisterhaften Schilderers heißer Sommernächte, denn die Erzählungen, in denen er die erste Gestaltung piemontesischer Landschaft versucht, sind noch recht unsicher in der Ausführung: die Erfahrung der Verbannung und das schmerzlich erlittene Gefühl der Unfähigkeit, mit einer Frau zusammenzuleben, geben hingegen den erwähnten Erzählungen ihre künstlerische Dichte. Es ist bezeichnend, daß gerade die in «Terra d'esilio», «Viaggio di nozze», «L'intruso» und «Suicidî» aufgegriffenen Motive sich zum ersten Roman Paveses kristallisierten: es handelt sich um den 1938/39 entstandenen Kurzroman «Il carcere» (Der Kerker), den Pavese erst 1949 zusammen mit dem Roman «La casa in collina» (Das Haus im Hügelland) unter dem Titel «Prima che il gallo canti» (Ehe der Hahn kräht) veröffentlichte. Der Titel ist auf keinen Fall stimmungshaft zu verstehen, sondern offensichtlich als Anspielung auf die an Petrus gerichtete Warnung Christi zu betrachten, was recht naheliegt, da diese beiden Romane Paveses Stellung in der Widerstandsbewegung zum Gegenstand haben. Der Dichter glaubte versagt und sich nicht mit der nötigen Entschlossenheit eingesetzt zu haben, denn trotz seiner bewußten Ablehnung des faschistischen Regimes und trotz seiner späteren Zugehörigkeit zur kommunistischen Partei, war er im Grunde ein unpolitischer Mensch: dies erhellt aus seiner Dichtung, und die Veröffentlichung des Tagebuchs mit seiner vorwiegend ästhetischen und mitunter introvertierten Problematik hat diesen durch die Lektüre seiner Werke entstehenden Eindruck nur bestätigt. Es ist ein merkwürdiger Widerspruch, daß gerade Pavese, der sich bereits am 26. 11. 1937 notierte: «Dieses Entsetzen unaufhörlich betrachten: was gewesen ist, wird sein» und daraus ein Leitmotiv für sein ganzes Schaffen und die Ausweglosigkeit seiner menschlichen Lage machte, sich andererseits mit dem Marxismus verband, der doch in der Geschichte einen fortschreitenden dialektischen Prozeß erblickt. Die Tatsache, daß sich Pavese an eine radikale Partei anschloß, hat in mancher Hinsicht eine Entsprechung in der Konversion haltloser Romantiker, die sich instinktiv durch eine dogmatisch streng gefestigte Religion vor der völligen Verstrickung in persönlicher Problematik zu retten suchten. Zu diesem Widerspruch gehört auch, daß Pavese, der für seine politischen Überzeugungen in die Verbannung geschickt wurde, andererseits nicht an die Revolution glaubte, was seinem Anti-Faschismus einen instinktiven Charakter gab, dem keine konsequente Weltanschauung entsprach: «Woran in der Geschichte glaube ich nun gegenwärtig? Etwa an die Revolutionen? Aber — auch wenn ich davon absehe, daß aus der Idee einer gerade sich vollziehenden Revolution noch nie eine gute Dichtung herausgeholt wurde, so begeistere[1] ich mich für Revolutionen nur ganz obenhin. Natürlich würde es sich nicht darum handeln, die Tumulte zu beschreiben, die Redereien, Blut und Triumphe, sondern darum, in der moralischen Atmosphäre der Revolution zu leben und von hier aus das Leben zu betrachten und zu beurteilen. Spüre ich diese moralische Erneuerung? Nein. Ich habe sogar bisher eine Neigung erkennen lassen, am Leben eher die statischen, genießerischen Möglichkeiten zu preisen als die tätigen, erneuernden. ... Fort also auch mit dem prahlerischen Gerede von der moralischen Erneuerung, die (womöglich seitens der andern, der Tätigen) die Gewalttat braucht. Fort mit diesem kindlichen Bedürfnis nach Kameradschaft und Getöse. Ich muß mich begnügen mit der allerkleinsten Entdeckung, die in jeder einzelnen Dichtung enthalten ist, und meine moralische Erneuerung zeigen in der Demut, mit der ich mich diesem Schicksal, das meine Natur ist, unterwerfe. Was sehr vernünftig ist. Falls es jedoch nicht Trägheit oder Feigheit ist.» (Tg. 16. 10. 1935).

Wie das Zitat zeigt, ging Pavese in der Verbannung der Glaube an Erneuerung des Lebens verloren, jedoch nicht ohne in ihm ein gewisses Minderwertigkeitsgefühl gegenüber seinen Leidensgenossen, die sich auch in der Gefangenschaft zu behaupten wußten, zurückzulassen. Der Zweifel nagte an ihm, seine Ablehnung der Revolution sei vielleicht nur Trägheit, Feigheit und ein bequemes Alibi, das ihm die Flucht aus der Verantwortung gestatte.

Paveses erste Erzählung «Terra d'esilio» (Land der Verbannung) knüpft bereits im Titel an das Erlebnis des confino an: allerdings ist der Erzähler ein Ingenieur, der aus beruflichen Gründen einige Zeit in einer abgelegenen Gegend Italiens zu tun hat. Mit bewundernswerter Sicherheit bewältigte der Dichter den Aufbau dieser ersten uns zugänglichen Novelle. Die ersten Sätze schlagen sozusagen das Leitmotiv an und bilden den Erzählkern, aus dem das Folgende organisch herauswächst:

«Da ich durch eigenartige berufliche Angelegenheiten geradezu bis ins äußerste Unteritalien verschlagen wurde, fühlte ich mich sehr einsam und betrachtete dies schmutzige Nest ein wenig wie eine Buße — wie sie, wenigstens einmal im Leben, jeden von uns erwartet — ein wenig wie einen guten Zufluchtsort, an dem ich mich sammeln und merkwürdige Erfahrungen machen könnte. Und eine Buße war es die ganzen Monate über, die ich dort verbrachte, während ich mich hinsichtlich exotischer Beobachtungen nicht wenig enttäuscht sah. Ich bin Piemontese und betrachtete die Dinge dort unten mit so scheuen Augen, daß ihre wahrscheinliche Bedeutung mir entging. Während ich mich jetzt

[1] Ch. Birnbaum übersetzt versehentlich das italienische Präsens mit dem Imperfekt.

an die Eselchen, die Krüge am Fenster, die gemischten Saucen, die Schreie der Alten und die Bettler in so heftiger und geheimnisvoller Weise erinnere, daß ich wirklich bedauere, keine herzlichere Aufmerksamkeit darauf gerichtet zu haben. Und wenn ich an die Heftigkeit des Heimwehs zurückdenke, mit der ich mich damals an den Himmel und die Straßen des Piemont erinnerte — wo ich jetzt so unruhig lebe —, so kann ich daraus nur schließen, daß wir so geschaffen sind: nur was vergangen ist, sich geändert hat oder verschwunden ist, enthüllt uns sein wahres Gesicht.»[2]

Die Erzählung wird durch die in dem zitierten ersten Abschnitt angeschlagenen Motive der Wirklichkeit weitgehend entrückt: es handelt sich um den grundsätzlichen Widerspruch zwischen der Intensität der Erinnerung und der Unfähigkeit, die Wirklichkeit unmittelbar zu erfassen und zu erleben. Jetzt, aus der Rückschau, klärt sich die eigenartige Vergangenheit, und sie enthüllt ihr wahres, zunächst verkanntes Gesicht. Der erste Satz scheint geradezu eine surrealistische Erzählung einzuleiten: diese nicht näher bestimmten «eigenartigen Angelegenheiten», dieses «schmutzige Nest», dem jedoch die Bedeutung der Einmaligkeit nicht abgesprochen wird, scheinen auf religiöse Erfahrungen hinzudeuten: der «gute Zufluchtsort», der Sammlung und merkwürdige Erfahrungen gestattet, scheint die Vermutung noch zu bestätigen. Aber diese Richtung wird nur angedeutet, und der Erzähler geht im zweiten Satz mit schroffer Kürze über die auf Hintergründe hinweisende Verschlungenheit des ersten jäh hinweg, um die Summe aus dem Aufenthalt zu ziehen. Es scheint, als wolle der Verfasser mit einer brüsken Geste den im einführenden Satz verknäuelten Knoten durchschlagen. In Wirklichkeit handelt es sich jedoch nur um eine sachliche Feststellung, die einen Ruhepunkt vor dem Bekenntnis des eigenen Versagens darstellt. «Ich bin Piemontese» stellt die Gedankenverbindung zum piemontesischen Charakter her, zu dessen hervorstechendsten Eigenschaften die scheue Unzugänglichkeit gehört. Damit liegt der Weg zum Bekenntnis der durch die Herkunft bedingten Unfähigkeit, mit fremden Menschen Fühlung aufzunehmen, frei. Der Erzähler hat eine große Gelegenheit, vielleicht die Gelegenheit versäumt, als er seiner süditalienischen Umgebung nicht die nötige Aufmerksamkeit schenkte. Die Erinnerung schiebt sich zwischen ihn und die Wirklichkeit: in Süditalien waren es der Himmel und die Straßen des Piemont, welche die Aufmerksamkeit von der Gegenwart ablenkten, jetzt, nach der Rückkehr, wird der Erzähler wieder von der Erinnerung an das Versäumte umhergetrieben. Es handelt sich um ein unversöhnliches Gegeneinander von Einst und

[2] Notte di festa, 3. Aufl. 1956, S. 9.

Jetzt, wobei die Intensität des Einst die Wirklichkeit des Jetzt aufhebt und in Frage stellt.

Die Ankunft des Ingenieurs im Land der Verbannten erinnert in manchem an das Eintreffen des Landvermessers K. in Kafkas «Schloß» (der Roman erschien bereits 1933 bei Frassinelli in Turin in einer Übersetzung von E. Pocar). In der Erzählung Paveses fehlt jedoch die zielstrebige Unruhe K.s. Der Horizont wird nicht durch ein geheimnisvolles Schloß gebildet, sondern durch «ein fernes und verwaschenes Meer, das in mir noch heute hinter jeder Melancholie auftaucht».[3] Der Erzähler bleibt ohne Beziehung zu seiner Umgebung, die ihn durch ihr Anderssein höchstens schreckt, er fühlt sich aus ihr ausgestoßen, und selbst die großen Wolken erfüllen ihn mit einem Gefühl des Bangens. Sogar die Dinge bedrücken sich gegenseitig, die Gegenstände scheinen sich wechselseitig aufzusaugen oder zu ersticken:

«Ein wurmstichiger, mit zusammengerollten Zeitungen beladener Tisch stand da, ein schmutziger Teller und die in eine Flasche gesteckte angezündete Kerze. Ein mit Schweiß, Rauch und Fett vermischter Geruch drückte jenes Licht nieder.»[4]

Das Ergebnis dieser Atmosphäre ist schließlich die Widerstandslosigkeit all derer, die darin leben, ein fast wohliges Sich-Hingeben an die das Menschliche zersetzende Umwelt.

Die wenigen Personen, mit denen der Erzähler in Berührung kommt, sind im Grunde genommen genau so isoliert wie er. Die Männer des Dorfes scheinen nur auf Besuch da zu sein; sie sind mit dem Land nicht verwurzelt, weil sie es nicht urbar machen und die Felder nicht bestellen. Ab und zu taucht Cicco, «der symbolische Bettler, der einen Zigarrenstummel oder ein ordentliches Glas einem großen Teller Suppe vorzog«,[5] auf und schließlich die Blonde aus der Stadt, die von den Männern heimlich in die Metzgerei geschmuggelt wird:

«Sie fütterten sie mit Fleisch und Oliven, aber sie sperrten sie ein. Der eine ging, der andere kam. Ich war am zweiten Abend dort. In dem dunklen Laden sah ich flüchtig zwei ausgeweidete Zicken, die an Haken über einem Kübel hingen. Der Metzger lief mir entgegen, öffnete mir einen anderen wurmstichigen Ausgang und, indem er mir die Hand drückte, führte er mich hinein.»[6]

Der einzige Mensch, mit dem der junge Ingenieur Fühlung aufzunehmen sucht, ist der norditalienische Verbannte Otino, der sich aus Eifersucht mit einem Polizisten schlug und sich nun von seiner Frau

---

[3] Ebenda, S. 9.
[4] Ebenda, S. 18.
[5] Ebenda, S. 15.
[6] Ebenda, S. 21.

betrogen weiß. In ihm haben wir den ersten Vertreter jener dann bei Pavese einige Male auftauchenden instinktbesessenen Primitiven mit ihrer wilden Gier nach Gewalttat und Blut. Auf die Nachricht von der Ermordung seiner Frau durch ihren Geliebten reagiert er mit der sich langsam loskämpfenden Bemerkung: «Etwas will mir nicht 'runter: daß ich es jetzt nicht mehr tun kann».[7]

Der einsetzende Regen wölbt sich schließlich über dem Erzähler wie eine Gefängnisdecke, er geht wie in einem Käfig, in dem immer enger werdenden Dorf auf und ab, ehe ihn seine Firma zurückruft:

«Vom Fenster des Gasthofes aus blieb im Regen allein der kahle Hügel mit den schmutzig-weißen Quadermauern auf dem Gipfel sichtbar: das alte Dorf. Mit diesem Anblick vor den Augen reiste ich eines Morgens, als das Licht wie gewöhnlich zu verlöschen drohte, meinem Schicksal entgegen.»[7]

Das alte Dorf mit seinen riesigen Mauern, das der Erzähler nie betrat, hängt im Augenblick der Abreise wie ein Symbol für die Unzugänglichkeit des Landes über dem sich Entfernenden. Seine Versicherung, er sei seinem Schicksal entgegengereist, fällt ins Leere: wissen wir doch seit dem Beginn der Erzählung, daß das eigentliche Schicksal vielleicht gerade im Dorf auf ihn gewartet hatte, ohne daß er sich Rechenschaft darüber gab.

Eine der eindringlichsten Schilderungen der von Kerkermauern bedrohten und sich hinter Kerkermauern verschanzenden Existenz des modernen Menschen ist die kurze Erzählung «L'intruso» (Der Eindringling), die wie eine Vorausnahme von Sartres «L'enfer, c'est l'autre« erscheint. Auf knapp elf Seiten gibt Pavese hier gerade wegen der konzentrierten Ballung vielleicht das Düsterste, das er während seiner literarischen Laufbahn schuf. Der Erzähler kommt zu dem Häftling Lorenzo in die Zelle, der sich trotz der verzweifelten Versuche des Neuankömmlings, mit ihm in Verbindung zu treten, hinter einem unverständlichen Murmeln verschanzt.

«Mein Zellengenosse führte gewundene Reden in einem Murmeln, das nicht aus den vier Wänden drang.

Lorenzo war ein großer und dicker Alter, und seine Stimme schien von seinen Muskeln erdrückt zu werden.»[8]

Einer der wichtigsten Punkte der Erzählung ist dieser Kontrast zwischen der massigen Statur Lorenzos und der Enge des ihm zur Verfügung stehenden Raumes. Während der Alte den Tag auf der Pritsche ausgestreckt verbringt, geht der Protagonist an seine Unruhe geklammert in der Zelle hin und her. Für Lorenzo ist der Kerker nicht mehr

[7] Ebenda, S. 24.
[8] Ebenda, S. 47.

ein Zwang, sondern eine freie Wahl: er bedeutet die Erlösung von der durch das Zusammenleben entstehenden Hölle:

«... der Kerker hat Platz für alle. Es gibt so viele Zellen, und jeder hat seine eigene. Er hat das Recht, allein zu sein.»[9]

Das Erscheinen des Erzählers stellt diese mit dem Aufgebot der konzentrierten Willensanstrengung eines Gefangenen erreichten Lebensform in Frage, und das Zusammenleben wird schließlich unmöglich als der Protagonist — wie der Verbannte in «Terra d'esilio» — durch eine Frau den letzten Stoß erhält.

«An jenem Morgen sah ich mich selbst wie hinter Glas verschlossen, nicht mehr als Gefangener von Mauern und Stäben, sondern in der Leere isoliert, einer kalten Leere, welche die Welt nicht kannte. Dies war die wirkliche Pein: daß die Welt den Eingeschlossenen ausschloß.»[10]

Nach einem kleinen Wortwechsel zwischen Lorenzo und dem Erzähler bricht die stoische Fassade des Alten zusammen: mit seinen riesigen Gliedmaßen stürzt er keuchend über den Eindringling her, den die herbeieilenden Wärter nur mit Mühe vor seinem Zugriff retten:

«Nichts mit dir» — winselte er mit haßerfüllter Stimme — «weder mit dir noch mit den anderen, ich spreche mit niemand. Ich will dich nicht sehen, nicht einmal bei Nacht. Diese Pritsche gehört mir, diese Zelle gehört mir.»[11]

Die Unmöglichkeit des menschlichen Zusammenlebens ist auch der Gegenstand der Erzählung «Viaggio di nozze» (Hochzeitsreise), die zu den persönlichsten Aussagen Paveses gehört. Der Schwerpunkt der Erzählung liegt auf dem an der Wurzel angefressenen Verhältnis zwischen einem jungen Ehepaar, da es dem Mann nicht gelingt, sich aus seiner egozentrischen Isolierung einen Weg zur Frau zu bahnen.

Pavese berührte in dieser Erzählung einen der wundesten Punkte seiner Existenz: er glaubte, eine Frau nicht befriedigen zu können und gelangte daher aus Reaktion zu einer misogynen Lebenshaltung, die alles, was mit Liebe zu tun hatte, entstellte und verzerrte. Seine geschlechtliche Problematik drehte sich unaufhörlich in diesem circulus vitiosus, und es ist bezeichnend, daß er das Gefühl der Impotenz mit den gepfefferten Kraftausdrücken studentischen Jargons zu kompensieren suchte. Das Minderwertigkeitsgefühl gegenüber Frauen dehnte sich auf die als potent empfundenen Männer aus.

«Nein, Narren sind sie nicht, die Leute, die sich zerstreuen, sich vergnügen, reisen, vögeln, kämpfen — Narren sind sie nicht: das wird dadurch erwiesen, daß wir es auch tun möchten.» (Tg. 21. 11. 37)

---

[9] Ebenda, S. 54.

[10] Ebenda, S. 53.

[11] Ebenda, S. 57.

«... wenn ein Mann zu rasch ejakuliert, so wäre es besser, er wäre nie geboren. Es ist ein Gebrechen, um dessentwillen sich umzubringen der Mühe wert ist.» (Tg. 27. 9. 37)

Fast alle Hinweise auf das Verhältnis zwischen Mann und Frau laufen spiralförmig auf diesen einen Punkt zu. Er ist das große Trauma Paveses, das ihn immer wieder mit sich fortreißt. Das mangelnde Verhältnis Paveses zu der ihn umgebenden Wirklichkeit beruhte wohl nicht zuletzt auf der konzentrischen Bewegung seiner Geschlechtsproblematik. Mit einer masochistischen Lust an der Selbstzerstörung kommt er immer darauf zurück, und wo sich die Wunde schließen möchte, kratzt er sie eigensinnig wieder auf. Die von Pavese im Tagebuch geforderte stoische Haltung ist in Wirklichkeit eine Pose, denn überall lauert ihm sein sexuelles Minderwertigkeitsgefühl auf, das ihm jegliches Vertrauen in die Ehe und damit auf ein gesellschaftliches Gelingen seiner Existenz überhaupt raubt:

«Wenn das Ficken nicht das Wichtigste im Leben wäre, würde nicht schon die Genesis damit anfangen.

Natürlich sagen dir alle: 'was macht das? Es gibt nicht nur dies. Das Leben ist vielfältig. Der Mann gilt um anderer Sachen willen', aber keiner — nicht einmal die Männer — schenken dir einen Blick, wenn du nicht jene Potenz hast, die strahlt. Und die Frauen sagen dir 'was macht das aus? usw.', aber sie heiraten einen andern. Und sich verheiraten heißt ein Leben aufbauen. Und du wirst es dir nie aufbauen. Dies heißt, zu lange Kind gewesen sein: eben dies.» (Tg. 25. 12. 37)

Ähnlich wie Dostojevskijs «Sanfte» beginnt die «Hochzeitsreise» mit einem Hinweis auf den Tod der Frau, dem eine Gewissenserforschung und ein Rechenschaftsbericht seitens des Erzählers folgen. Bei Dostojevskij befreit sich die Frau aus ihrer Ehehölle durch Selbstmord, bei Pavese hingegen bleibt die Todesursache ungeklärt. So viel ist jedoch sicher: Giorgio, der Protagonist der «Hochzeitsreise» hat seine Frau zu Tode gequält:

«Jetzt, da ich durch blutunterlaufene Flecken und Gewissensbisse verstanden habe, wie töricht es ist, die Wirklichkeit aus Grillenfängerei abzulehnen und zu verlangen, etwas zu empfangen, wenn man nichts zu geben hat, jetzt ist Cilia tot. Ich denke manchmal, daß ich in der Mühsal und der Bescheidenheit, in der ich jetzt lebe, mich mit Freuden in jene Zeit zu fügen wüßte, wenn sie zurückkehren würde. Oder vielleicht ist dies wieder eine Grille von mir: ich habe Cilia schlecht behandelt, als ich jung war und mich nichts zu reizen brauchte, ich würde sie jetzt aus Bitterkeit und Unbehagen über mein schlechtes Gewissen mißhandeln.

Zum Beispiel bin ich mir in all diesen Jahren noch nicht klar darüber geworden, ob ich sie wirklich gern hatte.»[12]

Cilia ist eine bescheidene Angestellte, anspruchslos und einfach, und erinnert an die selbstlosen, ihren Männern fast mit tierischer Anhänglichkeit ergebenen Frauengestalten Vergas. Das Verhältnis Giorgios zu Cilia ist im Grunde wie das des Gefangenen Lorenzo zu dem Eindringling. Giorgio fühlt sich geheiratet und überlistet. Er will sich von Cilia befreien, indem er sie aus seinem innersten Bereich stößt. Sie ist der Störenfried, und selbst ihre Opferbereitschaft, ihre scheuen Gesten zu ihrem Mann hin verstärken in diesem nur das Bedürfnis nach Einsamkeit, erscheinen ihm lediglich als Versuche, ihn mehr und mehr zu verpflichten und seiner Freiheit zu berauben. In einem stetig wachsenden Crescendo treibt die Ehe ihrer unausweichlichen Krise zu: zunächst in einer Szene, in der Giorgio seiner Frau vorwirft, ihrer durch eine Brandwunde im Gesicht entstellten Freundin Amalia zu ähneln. Zufällig trifft der Erzähler dann seinen Schulkameraden Malagigi, der gerade dabei ist, im Auftrag seiner Firma nach China abzureisen. Der dadurch plötzlich ausgeweitete Horizont verengert sich wieder bei dem bloßen Gedanken an die vier Wände, die ihn zu Hause erwarten. Als Cilia Giorgio bittet, mit ihr eine Photographie machen zu lassen, unterbricht er das Gespräch mit einem gereizten «Laß sie dir mit Amalia machen». Die letzte Zuspitzung findet der Konflikt, als Giorgio am folgenden Tag seine Frau unvermittelt zum Nachholen der Hochzeitsreise einlädt. Sie fahren mit ihren kleinen Ersparnissen nach Genua, aber Giorgio ist «unruhig, fern von Cilia, allein auf der Welt».[13] Schließlich hält er es in Gesellschaft seiner Frau nicht mehr aus, er schickt sie zu Bett und kehrt erst am nächsten Morgen in den Gasthof zurück, wo er Cilia weinend im Gespräch mit der Besitzerin findet.

Die ersten Erzählungen Paveses sind durch ihre Hoffnungslosigkeit bestimmt. Gerade durch ihre knappe Form, ihrem noch nicht auf mehrere Personen verteilten und damit ausweglosen Dialog bekommen sie etwas Quälendes und Erstickendes. Die Struktur der Szenen, Abschnitte und Sätze entspricht bis in Einzelheiten der in Paveses Tagebuch nachweisbaren Tendenz, die Sackgasse der eigenen Existenz immer wieder bis zu ihrem Endpunkt zu gehen und hartnäckig und ohne Mitleid mit sich und anderen gegen die abschließende Mauer anzurennen.

In einer Tagebuchnotiz vom 30. November 1937 hat Pavese die unerbittliche Schicksalhaftigkeit jeder menschlichen Begegnung, auch der scheinbar unglücklichsten, festgehalten. Selbst der Störenfried, mit dem man zusammenlebte, läßt nach dem Verschwinden eine beängstigende

[12] Ebenda, S. 27.
[13] Ebenda, S. 40.

Leere zurück, und die auf den anderen abgestellte Existenz hängt nach dessen Tod über einem Abgrund, der nur mit dem stetigen Überdenken des Geschehens aufgefüllt werden kann:

«Ein Mann hat ein Verbrechen begangen. Lassen wir die Furcht beiseite, daß sogleich jemand kommt, die Unruhe darüber, welches Gesicht er der Welt zeigen soll, das Erschreckende der Welt, die gegen ihn bewaffnet ist. Lassen wir die Besorgnis beiseite, sich zu retten, fortzugehen, als wäre nichts gewesen; nehmen wir an, es gäbe die Gewißheit zu entrinnen. Bleibt nicht dennoch ein Abgrund von Entsetzen: die Gewißheit, daß das Opfer — angebetet oder verabscheut — nicht mehr existiert, daß nichts mehr da sein wird, weder für unsern Haß, noch für unsere Liebe? Die Angst vor einem neu zu beginnenden Leben, weil mit dem Opfer auch wir gestorben sind, das unvermutete Weniger-werden unserer ganzen Substanz, die — wenn das Verbrechen wirklich aus Leidenschaft geschah — ein Ganzes bildete mit der Existenz des Opfers?»

Die Erzählung «Suicidî» (Selbstmörder) gehört nach dem Inhalt und nach ihrer Entstehung in den Umkreis dieses Zitats. Sie setzt lockerer ein als die «Hochzeitsreise», aber auch sie treibt schließlich mit einer ausweglosen Zielstrebigkeit auf den wunden Punkt in der Vergangenheit des Erzählers zu, der zunächst ein genau umrissenes Bild seines Charakters gibt. Es handelt sich dabei um eine tendenziöse Geschichte des eigenen Ich im Sinne Gaston Bachélards,[14] denn da es sich um einen inneren Monolog handelt, steht einer bewußten Konstruktion der Vergangenheit nichts im Wege. Die Persönlichkeit des Protagonisten wird nicht durch perspektivische Verschiebungen und Überwerfungen gebrochen. Langsam wird die Vergangenheit auskristallisiert, die keinen Zuwachs von außen bekommen kann, da sie nur dem verschwiegenen Ich des Erzählers zugänglich ist:

«Es gibt Tage, an denen die Stadt, in der ich lebe, und die Fußgänger, der Verkehr, die Bäume, alles, am Morgen mit einem eigenartigen Aussehen erwacht, gewöhnlich und doch unkenntlich, wie in jenen Augenblicken, wo man sich im Spiegel anschaut und sich fragt: 'Wer ist der da?' Für mich sind es die einzigen liebenswerten Tage des Jahres.»[15]

Man könnte zunächst an die Einleitung zu einer surrealistischen Erzählung denken, an eine «Verwandlung» wie bei Kafka (die italienische Übersetzung war bereits 1934 bei Vallecchi in Florenz erschienen), aber der letzte Satz scheint darauf hinzuweisen, daß der Verfasser sich vor einer Metamorphose keineswegs scheuen würde, sondern sie geradezu

---

[14] G. Bachélard: La dialectique de la durée, Paris 1936, S. 61.

[15] Notte di festa, a. a. O., S. 177.

herbeiwünscht. Im Anschluß an diese einleitenden Bemerkungen versichert er schließlich, er wünsche nichts als Frieden und Heiterkeit und doch genüge es, daß er sich ins Café setze, «um die Beute eines schuldbewußten Einsamkeitsgefühls und zahlreicher trostloser Erinnerungen zu werden, die, je mehr sie sich entfernen, desto klarer in ihrem unbeweglichen Leben verquälte und furchtbare Bedeutungen ans Licht bringen.»[16]

Nach einigen weiteren Überlegungen ist die Spirale der Assoziationen an ihrem Endpunkt angekommen:

«Denn — da ist kein Ausweg — es genügt, daß ich einen Augenblick dem Gewissensbiß über meine Einsamkeit nachgebe, dann denke ich wieder an Carlotta.»[17]

Während in der «Hochzeitsreise» der Erzähler auf engstem Raum mit seiner Vergangenheit eingeschlossen war, ist der Spielraum hier etwas weiter. Aber nach den Atempausen in der Erinnerung an die Geliebte, eine geschiedene Kassiererin, die sich aus Verzweiflung tötete, meldet sich die Vergangenheit umso unerbittlicher zu Wort.

«Seit mehr als einem Jahr ist sie tot, und ich kenne jetzt alle Wege, welche die Erinnerung an sie durchlaufen kann, um mich zu überraschen. Wenn ich will, kann ich auch den anfänglichen Gemütszustand, der ihrem Erscheinen vorausgeht, erkennen und mich heftig zerstreuen. Aber ich will nicht immer; und noch jetzt bietet mir dieser Gewissensbiß dunkle Winkel, neue Punkte, die ich mit der gleichen Angst wie vor einem Jahr erforsche.»[17]

Die Liebe des Erzählers zu Carlotta war auch ästhetisch angekränkelt: die einfache Frau wurde zum Publikum für seine intellektuellen Formulierungen, obwohl ihn andererseits die Tatsache, daß ihm die ungebildete Kassiererin als einzige Zuhörerin zu Gebote stand, in seinem Stolz verletzte. Schließlich betrachtete der Erzähler die Frau als leeren Mechanismus ohne Individualität, den er überall zu durchschauen meinte, während sie dann doch plötzlich durch ihren Tod aus seiner Katalogisierung bricht: mit zitternden Beinen hört er von der Portiersfrau die Nachricht, daß sich Carlotta das Leben genommen habe.

Der einzige, jedoch nicht übersehbare Lichtblick ist die von dem Erzähler am Rande gemachte Feststellung, daß er, seitdem ihm Carlotta gesagt habe, daß das unaufhörliche Zuschlagen der Türe neben der Kasse sich manchmal wie Faustschläge aufs bloße Gehirn anfühle, die Türe sachte zumache, wenn er in ein Café trete. Die demütige Bescheidenheit von Carlottas Leben wird durch diesen geringen Wechsel zum Guten in ihrem Geliebten noch einmal aufs zarteste unterstrichen. Und doch

[16] Ebenda, S. 178/9.

[17] Ebenda, S. 180.

widerlegt diese leicht übersehbare Bemerkung des Erzählers Paveses verzweifelte Tagebuchnotiz (Tg. 26. 11. 37) über die Nutzlosigkeit des Leidens und verleiht der trostlosen Existenz der Kassiererin auch noch nach dem Tode einen Sinn.

Der 1938/39 entstandene Roman «Il carcere» (Der Kerker)[18], den Pavese erst 1948 in dem Band «Prima che il gallo canti» veröffentlichte, faßt die in den vier Erzählungen angeschlagenen Motive in einem größeren Rahmen zusammen. Während in den um vergangene Liebesbeziehungen kreisenden Erzählungen die Zeit das vorherrschende Element darstellte, ist im «Kerker» — wie im «Land der Verbannung» und im «Eindringling» — zunächst der Raum entscheidend. Der «Kerker» wird in der dritten Person erzählt und setzt ein, als der Protagonist Stefano bereits aus dem Gefängnis entlassen und durch die Verbannung in ein süditalienisches Dorf an der Küste bis zu einem gewissen Grad frei geworden ist. Der Raum schnürt sich jedoch bald zusammen wie in den «Suicidî» die Zeit, und nur vorübergehend kann sich Stefano der Illusion hingeben, das Meer als vierte Mauer seines Gefängnisses gestatte ihm einen Zugang zur Freiheit. Wie die Augenblicke der Freiheit vor der Erinnerung an Carlotta, so ist auch der bewegte Horizont des Meers nur eine trügerische Illusion mitten in einer ausweglosen Umgebung.

«Stefano wußte, daß jenes Dorf nichts Eigenartiges an sich hatte und daß die Leute hier lebten, Tag für Tag, und die Erde ausschlug und das Meer das Meer war wie an jedem Strand. Stefano war glücklich über das Meer: wenn er hinkam, stellte er es sich als vierte Mauer seines Gefängnisses vor, eine weite Mauer aus Farben und Frische, in in die er eindringen und die Zelle vergessen zu können glaubte. An den ersten Tagen füllte er sich sogar das Taschentuch mit Kieselsteinen und Muscheln. Es war ihm sehr menschlich erschienen, daß der in seinen Papieren blätternde Maresciallo ihm antwortete: 'Sicher, wenn Ihr nur schwimmen könnt'.»[19]

Stefano ist sich darüber im klaren, daß er unter den Häusern des Dorfes aus seiner Isolierung ausbrechen müßte, aber die Angst vor der neuen Umgebung wirft ihn immer wieder auf sich selbst zurück. Bereits auf den ersten Seiten des Buchs klingt das Grundmotiv der zwiespältigen Situation an, in die sich der Gefangene eingezwängt sieht: mensch-

[18] An anderer Stelle versichert Pavese allerdings: Il modesto racconto carcerario e confinario che mi compete, lo scrissi nel '37, ne feci una storia di paesi e di sesso, senza politica, né alta strategia, e lo conservo in un cassetto (Lett. americana, a. a. O., S. 246). — Ob Pavese den Roman vor der Veröffentlichung überarbeitete, läßt sich nicht sagen, solange der Nachlaß des Dichters nicht zugänglich ist.

[19] Prima che il gallo canti (Il carcere, S. 7—132), 5. Aufl., Turin 1954, S. 9.

licher Kontakt unter der Gefahr der Selbstaufgabe oder Selbstbehauptung unter der Gefahr wachsender Isolierung, da die Umwelt beziehungslos neben Stefan steht.

«Die dunklen Höhlen der niedrigen Türen, die wenigen aufgesperrten Fenster und die finsteren Gesichter, die Zurückhaltung der Frauen, auch wenn sie auf die Straße traten, um Geschirr zu leeren, bildeten mit dem Glanz der Luft einen Kontrast, der die Isolierung Stefanos erhöhte.»[20]

Unter den ersten Menschen, mit denen Stefano Fühlung aufnimmt, ist der joviale Zollbeamte, aber der durch die vorausgehenden Monate im Gefängnis bereits in sich verscheuchte Verbannte «hörte aus dieser hellen Stimme die Uniform».[21] Das Adjektiv «ostile» (feindlich) kehrt fast auf jeder Seite wieder, wie auch das Zeitwort «sorridere» (lächeln), das die natürliche Reaktion des Verbannten auf die noch nicht durchschaute Umgebung wiedergibt: es ist eine Haltung furchtsamen Zugeständnisses an alle und eine Tarnung der inneren Unsicherheit und Unruhe. Daneben findet sich immer wieder das Thema der Zusammenhänge zwischen dem Dorf und dem Kerker, aus dem Stefano kommt:

«Im Erdgeschoß der Kaserne waren die Gefängnisse mit abgeblendeten Fenstern, in die das Licht von oben eindrang. Jeden Morgen ging Stefano darunter vorbei und dachte, daß die Zellen in ihrer Unsauberkeit wohl etwas seinem Zimmer ähnelten.»[22]

Stefano hält sich für einen Spielball des Gesetzes, seine Existenz ist nur provisorisch, und er hat daher nicht den Wunsch, mit diesen Menschen Fühlung aufzunehmen, denen er von heute auf morgen durch einen Befehl entzogen werden kann: «Gefängnis oder Verbannung heißt nicht: eingeschlossen sein; es heißt: von einem Blatt Papier abhängen.»[23]

Auch der einzigen Stefano zugänglichen Frau, Elena, der geschiedenen Tochter seiner Hauswirtin, gelingt es nicht, den jungen Verbannten aus seiner Selbstverstrickung zu lösen. Nach kurzer Zeit wird das Verhältnis quälend wie das zwischen dem jungen Paar des «Viaggio di nozze».

Das wehrlose Hinnehmen seiner trostlosen Lebensform wächst in Stefano allmählich zu einem Schuldgefühl an. Er hat nicht mehr die Kraft, sein schmutziges Zimmer zu verlassen. Er liegt bei der glühenden Hitze stundenlang auf seinem Bett und wie einst im Gefängnis bringt er nur noch den Willen auf, ab und zu einen Schluck zu trinken: «Aber dieser freiwillige Kerker war schlimmer als der andere. Allmählich

---

[20] Ebenda, S. 11.
[21] Ebenda, S. 12.
[22] Ebenda, S. 19.
[23] Ebenda, S. 24.

haßte Stefano sich selbst, weil er nicht den Mut hatte, sich zu entfernen.»[24] Auch die Begegnungen mit Elena enden in dieser Gleichgültigkeit, denn nach den kurzen Augenblicken des Zusammenseins entgleitet sie ihm wie im Traum. Stefano betrachtet Elena — wenn auch mit schlechtem Gewissen — als Gebrauchsgegenstand, den man nach seiner Benutzung zur Seite schiebt. Sobald die Frau eigene Ansprüche machen will, wird sie mit verletzenden Sarkasmen fortgeschreckt. Einer der Augenblicke, die Stefano mit Elena wirklich genießt, sind die wenigen Minuten während derer sie Ziegenmilch für ihn kocht:

Im süßen Ziegengeruch, der von dem Kocher ausging, wurde Elena erträglich, sie wurde irgendeine, jedoch gute Frau, eine gleichgültige und gelassene Gegenwart wie die Hühner, der Besen oder eine Magd.»[25]

Mit dieser Verweisung Elenas aus dem menschlichen Bereich sucht Stefano die aus seinem Verhältnis entstehenden Verpflichtungen aufzuheben. Er fühlt jedoch den unausgesprochenen Vorwurf seitens der Frau und sucht ihn durch eine phantasievolle Umrankung seiner Leidenschaft zu Concia, einer Bastardin aus den Bergen, abzubiegen. Er umwirbt das fast ziegenhafte Mädchen, mit dem er nur einmal ein paar Worte wechselt, in seinen Träumen und seine Begierde drängt sich immer mehr zwischen ihn und Elena: während er den Arm Elenas streift, denkt er an den braunen Concias.

Wie schon in der Erzählung «Terra d'esilio» fehlt auch im «Carcere» nicht die von den Männern des Dorfes für einige Tage eingeschmuggelte Prostituierte aus der Stadt. Die sich daran knüpfenden Szenen zeigen die ganze Trostlosigkeit des seelischen Horizonts der Dorfbewohner. Bereits in dem im November 1935 in Brancaleone entstandenen Gedicht «Tolleranza»[26] klingt dieses Motiv an, das bei Pavese nichts Frivoles an sich hat: das geschlechtliche Problem erscheint wie ein dunkler Fluch, besonders für die Frau, die sich der Gier der Männer gegenübergestellt sieht. Über dem Dasein der Prostituierten lastet die gleiche freudlose Düsterkeit wie über dem schweren Leben der Bauern:

«... La casa
ha le imposte accecate, ma dentro c'è un letto,
e sul letto una bionda si guadagna la vita.
Tutto quanto il paese riposa la notte,
tutto, tranne la bionda, che si lava al mattino.»[27]

---

[24] Ebenda, S. 31.

[25] Ebenda, S. 59.

[26] Es sei daran erinnert, daß «Freudenhaus» im Italienischen mit «Casa di tolleranza» wiedergegeben wird.

[27] Das Haus
Hat abgeschirmte Fenster, aber drinnen steht ein Bett,

Der einzige tiefer greifende menschliche Kontakt des Verbannten entsteht durch seinen Umgang mit dem rätselhaften Giannino Catalano, dem Sohn einer wohlhabenden Familie: «Giannino war der einzige, der die Einsamkeit Stefanos mit unausgesprochenen Dingen zu bevölkern wußte. Deshalb war zwischen ihnen jedesmal die reiche Unbeweglichkeit einer ersten Begegnung»[28]

In den Gesprächen zwischen Stefano und Giannino entfaltet Pavese bereits seine später dann geradezu bis ins Virtuose gesteigerte Fähigkeit Dialoge zwischen Jugendlichen zu gestalten. Sie stecken voll geheimer Anspielungen, die das Leben des Gesprächspartners für einen Augenblick in neue «phantastische» Zusammenhänge stellen. Giannino ist auch der einzige, der mit Stefano in der Unterhaltung jene Diskretion wahrt, die die anderen Männer des Dorfes so sehr vermissen lassen. Die sich anbahnende Freundschaft zwischen den beiden wird jedoch unvermittelt abgebrochen, da Giannino wegen Vergehens an einer Minderjährigen verhaftet wird.

Stefanos Schuldgefühl auf Grund seines passiven Verhaltens gegenüber seinem Schicksal als Verbannter erfährt eine durchgreifende Vertiefung, als er von einem in dem alten Gebirgsdorf lebenden Verbannten erfährt. Der Schicksalsgenosse sucht durch einen Bettler mit ihm Fühlung aufzunehmen, aber Stefano geht nicht an den verabredeten Ort, obwohl der Unbekannte an sein Verbundenheitsgefühl appelliert. Für ihn ist diese Botschaft kein Lebenszeichen, im Gegenteil: «Sein Kerker hatte um eine weitere Wand zugenommen, die aus einem vagen Schrecken, einer schuldbewußten Unruhe bestand.»[29] Obwohl Stefano sich seine eigene Feigheit eingesteht, sucht er seinen Selbstvorwürfen durch die Ausweitung seines Schicksals ins Allgemein-Menschliche die Spitze abzubrechen: «Er stellte sich die ganze Welt als einen Kerker vor, in den man aus den verschiedensten, aber immer echten Gründen eingesperrt ist, und er fand einen Trost daran.»[30]

Der nach den langen Regenmonaten des Winters folgende Freispruch seitens der staatlichen Obrigkeit (die allein in der Figur des Maresciallo in Erscheinung tritt) erscheint daher ohne tiefere Bedeutung. Stefanos Auffassung von der Welt als einem Kerker, in dem jeder seine Zelle bewohnt, raubt ihm die Möglichkeit, frei zu sein. Die Freilassung ist

---

Und auf dem Bett verdient ein blondes Mädchen sich das Brot.
Alles im Dorf ruht bei Nacht sich aus,
alles, nur nicht die Blonde, die sich am Morgen wäscht.

(Lavorare stanca, S. 53)

[28] Prima che il gallo canti, a. a. O., S. 82.

[29] Ebenda, S. 114.

[30] Ebenda, S. 115.

eine Formalität ohne innere Konsequenz, denn in Wirklichkeit ist der Verbannte gar nicht mehr in der Lage, aus der Zelle seines verschlossenen Inneren zu brechen. Bei Stefano handelt es sich nicht mehr um eine romantische Ichvertrotzung oder übermenschenhafte Selbstbehauptung, sondern um die Flucht eines weidwunden Gejagten, der sich in seine Höhle zurückzieht.

Der von der Obrigkeit ins Bergdorf verbannte Gefangene ist hingegen gefährlich, weil er es fertigbringt, zu seinen Mitmenschen einen Zugang zu finden. Der Anarchist spielt mit den Kindern auf dem Kirchplatz, schläft in einem Heustock und verbringt die Abende, indem er mit den Leuten in den Ställen spricht. Wenn Stefano an den Anarchisten denkt, «vermutet er eine andere Rasse mit einem unmenschlichen Charakter, die in den Zellen herangewachsen war wie ein unterirdisches Volk. Und doch war dieses Wesen, das auf dem Platz mit den Kindern spielte, alles in allem einfacher und menschlicher als er«.[31]

Stefanos Verhältnis zu den Kindern ist dagegen grundsätzlich verschieden, sie sind für ihn eins mit der öden Landschaft, die zugleich die Mauern seines Gefängnisses darstellt:

«An jenem Tag war im Wasser eine Bande von Jungen: besonders zwei machten sich spritzend die Klippe streitig. Stefano sah sie auf dem Sand sitzend unwillig an. Sie kreischten in ihrem Dialekt, nackt und braun wie Miesmuscheln, und hinter dem Schaum erschien Stefano das ganze Meer wie eine gläserne, sich ins Leere verlierende geräuschvolle Landschaft, vor der sich alle seine Sinne zurückzogen wie der Schatten unter seinen Knien.«[32]

Der menschliche Bereich fristet sozusagen am Rande der Natur ein kümmerliches Dasein, und schließlich werden nicht nur die Kinder, sondern auch der Protagonist selbst, wieder von der Natur zurückerobert, so daß er schließlich bekennt: „Ich fühle mich ganz Feigenkaktus«.[33]

Wie ganz anders begegnet hingegen der Turiner Carlo Levi, der wie Pavese in Süditalien verbannt war, seinem Schicksal! Während Pavese von den Menschen dieser ihm unvertrauten Kulturstufe wie durch eine

[31] Ebenda, S. 128.

[32] Ebenda, S. 45.

[33] Stefanos Angst vor der Verantwortung im Bereich des Menschlichen läßt ihn seine langsame Selbstauflösung in der Natur mit derselben Passivität hinnehmen wie die eigene Kerkerhöhle. Man sieht sich dabei an die Bedenken erinnert, die Novalis einige seiner Lehrlinge zu Sais vorbringen läßt, scheint es ihnen doch: «Gerade jenes Streben nach Ergründung dieses riesenmäßigen Triebwerks sei schon ein Zug in die Tiefe, ein beginnender Schwindel: denn jeder Reiz scheine ein wachsender Wirbel, der bald sich des Unglücklichen ganz bemächtige, und ihn dann durch eine schreckenvolle Nacht mit sich fortreiße. Hier sei die listige Fallgrube des menschlichen Verstandes, den die Natur überall als ihren größten Feind zu vernichten suche. ... Umgang mit

Glaswand geschieden blieb, trat der Arzt, Ethnologe und Maler Levi unter den Menschen Lukaniens wie der erwartete Erlöser auf. Sein in fast alle Kultursprachen übersetztes, 1945 veröffentlichtes Buch «Cristo si è fermato a Eboli» (Christus kam nur bis Eboli) zog die Aufmerksamkeit der ganzen Welt auf das soziale Elend in den rückständigen Provinzen Italiens. Levis Buch ist jedoch nicht nur ein entscheidender Beitrag zur Erschließung der abgelegenen Gebirgszonen des Meridione, sondern zugleich eine ins Mythische ausgeweitete Apotheose ad me ipsum, der Bericht von der Epiphanie eines Menschen, der es gewagt hatte, Wege einzuschlagen, die selbst Christus nicht gegangen war. Der Erzähler erscheint daher als seltsame Mischung von Medizinmann, Herakles und Messias, der im Kampf mit der Staatsautorität und ihren Vertretern seinen Bauern Gesundung und Hilfe bringt. Während Paveses Stefano teilnahmslos zwischen dem Staat und der Natur steht, wagt es Levi, der mythisch verdichtete Levi des Buches, gegen den Willen der Behörden sich mit den Bauern gegen das Elend ihres von der Malaria verseuchten Dorfes zu kehren.[34]

Das Problem der Zeit als Langeweile und des Raums als Beschränkung taucht bei Levi kaum auf, während sich im «Kerker» neben den zahlreichen anderen Definitionen des Lebens in einer Zelle auch diese findet: «Vielleicht ist das Gefängnis nichts anderes als das: die Unmöglichkeit sich zu betrinken, die Zeit zu zerstören, einen ungewöhnlichen Abend zu erleben».[35] Neben die als Qual empfundene Gleichförmigkeit des Raums tritt die Gleichförmigkeit der Zeit, die jedoch zugleich unaufhaltsam entrinnt. So wie sich im «Carcere» nur eine Anspielung auf das frühere, nun in eine merkwürdige Unwirklichkeit entrückte Leben Stefanos findet, so wird auch das Erleben der Verbannung selbst sich in nichts auflösen:

«Wie oft, besonders in der ersten Zeit, hatte sich Stefano die Augen und das Herz mit einer Szene, einer Geste, einer Landschaft angefüllt und sich gesagt: «Da, dies wird meine lebhafteste Erinnerung an die Vergangenheit sein; ich werde am letzten Tag daran wie an das Symbol

---

Naturkräften, mit Tieren, Pflanzen, Felsen, Stürmen und Wogen müsse notwendig die Menschen diesen Gegenständen verähnlichen, und diese Verähnlichung, Verwandlung und Auflösung des Göttlichen und Menschlichen in unbändige Kräfte sei der Geist der Natur, dieser fürchterlich verschlingenden Macht: ... (Deutsche Literatur in Entwicklungsreihen, Reihe Romantik, 5. Band, S. 30). — Besonders befremdend wirkt an diesem Zitat gemessen die Tatsache, daß gerade der Ingenieur Stefano vor der Natur und seiner in der Natur und im Triebhaften verstrickten Umwelt kapituliert. Der Homo faber Stefano tritt in dem Roman kaum in Erscheinung. —

[34] Vgl. Carlo Muscetta: Leggenda e verità di Carlo Levi (Letteratura militante, a. a. O., S. 94—108).

[35] Prima che il gallo canti, a. a. O., S. 116.

dieses ganzen Lebens denken; ich werde sie dann genießen». So machte man es im Kerker, indem man einen Tag aus den anderen auswählte und sagte: «Ich muß mich hingeben, diesen Augenblick bis zu Ende fühlen, ihn unbeweglich in seinem Schweigen vergehen lassen, denn es wird der Kerker meines ganzen Lebens sein, und ich werde ihn, sobald ich frei bin, in mir selbst wiederfinden». Und diese Augenblicke verschwanden genau so wie sie gewählt wurden.»[36]

Es handelt sich um die Unfähigkeit Stefanos, im Strom der Zeit einen festen Punkt zu finden und zu markieren. Auch als Erinnerung kann die Wirklichkeit nicht festgehalten werden. Das Vergangene ist unerbittlich vergangen, und im Gegensatz zu «Terra d'esilio» entschwinden die Monate der Verbannung in wenigen Augenblicken in eine ferne Bezuglosigkeit, sobald der Zug eintrifft, der Stefano in seine Heimat zurückbringt:

«Während der Zug einfuhr, hatte Stefano den Eindruck, daß die Gesichter und die Namen derer, die nicht da waren, wie weggefegte Blätter umherwirbelten.»[37]

[36] Ebenda, S. 127/8.
[37] Ebenda, S. 132.

# PIEMONT UND MIDDLE WEST

## *Paesi tuoi*

«Die Sprache ... ist ganz etwas anderes als ein naturalistischer Impressionismus. Ich habe nicht geschrieben, indem ich Berto nachäffte — den einzigen, der redet —, sondern indem ich sein Umherwälzen von Gedanken, sein Staunen, seinen Hohn usw. übersetzte so, wie er sie sagen würde, wenn er Italienisch spräche. Ich habe einen grammatischen Fehler nur dann gemacht, wenn das grammatische Fehler-Machen eine Ungezwungenheit, ein In-sich-Zurückgezogensein, eine Eintönigkeit in seiner Seele bezeichnete. Ich habe nicht aufzeigen wollen, wie Berto spricht, wenn er sich müht, Italienisch zu sprechen (was ein Dialekt-Impressionismus sein würde), sondern wie er sprechen würde, wenn die Worte in seinem Munde — zu Pfingsten — italienisch würden. Kurz wie er denkt.»

(Tg. 4. 12. 1939)

Der Roman «Paesi tuoi»[1] machte Pavese 1941 schlagartig bekannt und erweckte das Interesse weiter Kreise der Kritik, die von den Gedichten der Anthologie «Lavorare stanca» keine Notiz genommen hatte. Wie Pavese rückblickend vom Zeitpunkt des Erscheinens der «Paesi tuoi» sagte, war Italien damals «verfremdet, verroht, verkalkt — man mußte es schütteln, von seiner Blutstauung heilen und allen Frühlingswinden Europas und der Welt aussetzen».[2]

Vergleicht man diesen zwischen dem 3. Juni und dem 16. August 1939 geschriebenen Roman des Dichters mit dem wenige Monate vorher entstandenen «Carcere», so verwundert man sich über den inhaltlichen und formalen Abstand zwischen den beiden Werken. Die Protagonisten beider Romane sind junge Männer im Alter von etwa 25 Jahren, aber während im Mittelpunkt des «Carcere» ein in der dritten Person eingeführter Intellektueller steht, wird das Geschehen der «Paesi tuoi» von dem jungen Turiner Arbeiter Berto in einem inneren Monolog berichtet. Im «Carcere» geschieht rein äußerlich gesehen fast nichts, während es sich in den «Paesi tuoi» um einen dramatisch geballten Bericht einer

---

[1] Man scheut sich, für den als ätzend-polemische Reaktion gegen die nationalistische Blut- und Bodenliteratur geschriebenen Roman den kompromittierten Titel «Heimat» in der Übersetzung zu gebrauchen. Hans Hinterhäuser schlägt daher glücklich «Unter Bauern» vor (Italien zwischen Schwarz und Rot, Stuttgart 1957, S. 117).

[2] L'influsso degli eventi (Lett. americana, a. a. O., S. 247).

blitzartig verlaufenden Begebenheit handelt. Neben der statischen Landschaft Calabriens im «Carcere» findet sich in den «Paesi tuoi» die geradezu dionysisch erlebte Landschaft des Piemont. Der «Carcere» gehört in eine europäische Erzähltradition, die man allerdings mit so grundverschiedenen Namen wie Verga und Sartre abstecken müßte, die «Paesi tuoi» sind hingegen das wichtigste schöpferische Ergebnis von Paveses Beschäftigung mit der amerikanischen Literatur, die Verwirklichung seines einstigen Wunsches, Sprache und Temperament des Middle West in das Piemont zu verpflanzen. Die besondere Leistung des Dichters besteht jedoch darin, daß er das den überseeischen Anregungen Verdankte so gründlich einschmelzte, daß die Kritik auf die verschiedensten Quellen — vor allem auf Faulkner, Caldwell und Steinbeck — hinwies. Nicht ohne Ironie gestand Pavese in einem postum veröffentlichten Aufsatz, daß der Amerikaner, der damals wegen seines Tempos und seines Erzählrhythmus wirklich auf ihm gelastet habe, James Cain mit seinem Kriminalroman «The Postman always rings twice» gewesen sei.[3]

Der Inhalt der «Paesi tuoi» läßt sich in wenigen Sätzen zusammenfassen. Der junge Mechaniker Berto kommt mit seinem Zellenkumpanen Talino aus dem Gefängnis und geht schließlich mit ihm nach Monticello auf den Hof von Talinos Vater Vinverra, um die Dreschmaschine zu bedienen. Unter den zahlreichen Schwestern Talinos, «die Bestien zu sein schienen»,[4] interessiert sich Berto lediglich für Gisella, «die am jüngsten aussah und mitmachte»[4]. Sie gibt sich Berto bald hin, aber Talino stößt der mit einer krankhaften Eifersucht bewachten Schwester beim Dreschen die Strohgabel in den Hals, als sie ihn daran mahnt, beim Trinken aus dem Eimer das Wasser nicht zu beschmutzen.

Neben der Übernahme des mit einer gangsterhaften Anschaulichkeit und Eindringlichkeit gespickten inneren Monologs in dem erwähnten Roman Cains, welcher die wichtigste Anleihe bei dem Amerikaner darstellt, findet sich in den beiden Werken eine Reihe ähnlicher Motive. Der bäurischen Umgebung, von der Gisella durch ihre feine weiße Haut absticht, entspricht der nahezu mexikanische Hintergrund, mit dem Cora in «The Postman always rings twice» nichts zu tun haben will:

---

[3] Ebenda, S. 247. — Daß Pavese den Amerikanern weniger verdankte als die italienische Kritik nach dem Erscheinen des Romans meinte, das zeigt die Untersuchung von R. H. Chase (a. a. O., S. 366): Pavese's formulation of «ritmo» is much nearer to Joyce and Proust than to the American tradition at large, und L. Bergel (a. a. O.) polemisiert gegen Leslie Fiedler, der in seinem Aufsatz «Introducing Pavese» (Kenyon Review, Fall 1954) Paveses ganze künstlerische Entwicklung unter dem Zeichen der amerikanischen Literatur sieht.

[4] Paesi tuoi, 5. Auflage, Turin 1954, S. 54.

«I am just as white as you are, see? I may have dark hair and look a little that way, but I'm just as white as you are».[5] Dem schmutzigen griechischen Mann Coras entspricht der völlig vertierte Talino und dem städtischen Hintergrund Turins, aus dem Berto kommt, die Neonstadt Los Angelos, über deren Geheimnisse der Mechaniker und Tramp Frank Bescheid weiß. Auch die ans Sadistische grenzenden sexuellen Beziehungen haben in den beiden Romanen einige Ähnlichkeiten.[6] Diese Ähnlichkeiten dürfen jedoch nicht über Paveses eigene Leistung hinwegtäuschen: bei ihm geht es nicht um die ausgeklügelte Mathematik und Wahrscheinlichkeitsrechnung eines einwandfreien Verbrechens, sondern um die Gestaltung einer unterbewußten, in einem nahezu animalischen Bereich schwelenden Atmosphäre. Bei dem Italiener fehlt die Übersteigerung der sadistischen Elemente ins Barock-Schwülstige[7] und die Entgleisungen in eine gängige Sentimentalität à la Hollywood.[8]

Typisch für Pavese ist der Zusammenstoß von Stadt und Land, der schon den Ausgangspunkt zahlreicher Gedichte in «Lavorare stanca» gebildet hatte. Aus der Zeit der Entstehung des Romans, vom 12. 6. 1939 stammt folgende Tagebuchnotiz, die zum Verständnis der «Paesi tuoi» manchen Aufschluß geben kann:

«Im Leben der Phantasie gibt es nur zwei Situationen: das Wiederauftauchen einer Vergangenheit oder der Aufeinanderprall zweier Lebensarten. Die Musen, Töchter der Erinnerung oder der indische Dionysos.»[9]

Es erübrigt sich zu bemerken, daß die «Paesi tuoi» zum zweiten Typ zählen, da hier das konservative Bauernland Piemont aus der Perspektive eines Großstädters wieder seine ursprüngliche Wildheit bekommt.

Sprachlich gesehen sind die «Paesi tuoi» eine Verwirklichung von Paveses Theorie über die Renaissance der amerikanischen Literatur im 20. Jahrhundert. Emilio Cecchi[10] bemerkt dazu mit Recht, daß bereits

[5] Ich zitiere nach der Penguin-Ausgabe, London 1954, S. 7 f.

[6] Vgl. «She was so close I could smell her» (S. 8) mit «Si piegò sul tavolino, tanto che sentii l'odore che aveva» (S. 16).

[7] Eine besonders kennzeichnende Stelle findet sich auf S. 13: «I bit her. I sunk my teeth into her lips so deep I could feel the blood spurt into my mouth. It was running down her neck when I carried her upstairs.»

[8] Nach dem Beschluß, den Griechen aus dem Weg zu schaffen, wird die Verschwörung feierlich besiegelt: «I kissed her. Her eyes were shining up at me like two blue stars. It was like being in church» (S. 18).

[9] Ch. Birnbaum übersetzt ungenau «l'urtarsi di due modi di vita» mit «das Sich-Reiben zweier Lebensarten» und «il Dioniso indiano» mit «der zum Gott erhobene Dionysos».

[10] Nuova Antologia, März 1942: In ogni modo, un giorno sarà curioso constatare anche più chiaramente ... che tutto, in sostanza, poteva ridursi a capir bene Verga, ... (S. 67).

Verga mit einem ähnlichen Problem gerungen habe. Immerhin ist das Neue bei Pavese, daß er nicht nur den piemontesischen Dialekt, sondern auch den großstädtischen Jargon seines Arbeiters Berto auf das Niveau einer allgemeinverständlichen Schriftsprache zu heben hatte, und selbst der Toskaner Cecchi erkennt an, Pavese habe bei seinem Versuch, die Sprache aufzufrischen, das richtige Maß eingehalten.[11] Bezeichnenderweise hat ja die italienische erzählende Dichtung seit der Romantik ihre gültigsten Vertreter nicht in den mittelitalienischen Provinzen gefunden, sondern mit Manzoni in der Lombardei, mit Nievo in Venetien, mit Verga in Sizilien und mit Svevo in Triest. Gerade in der Tatsache, daß er als Piemontese im Gegensatz zu den Toskanern die italienische Sprache nicht selbstsicher von oben herab behandeln konnte, sah Pavese einen Grund für das Gelingen bei seinem Ringen um eine neue Sprache, die mit ihrem mitreißenden Rhythmus selbst in einer der Literatur so abholden Zeit wie dem zweiten Weltkrieg die Leserschaft aufhorchen ließ.

Die «rapporti fantastici», die Pavese seit «Paesaggio I» als das tragende Element seiner Dichtung betrachtete, sind in den «Paesi tuoi» auf wenige wesentliche Elemente beschränkt, die dem Roman jedoch seine straffe Struktur geben. Wie magnetische Kraftfelder laufen sie zwischen Mensch und Natur hin und her. Für den Mechaniker Berto sind die Bauern in Talinos Heimat und vor allem Talino selbst noch auf einer primitiven, animalischen Stufe. Berto allein hat durch seine städtische Herkunft die Möglichkeit, das Landleben, über das sich die Bauern auf ihrer unbewußten Lebensstufe keine Rechenschaft geben, von außen zu sehen.

Sobald die beiden Kumpane aus dem Gefängnis entlassen sind, entfernen sie sich blindlings davon, und Talino «... bemerkte nicht einmal, daß wir wie Ochsen gingen, ohne zu wissen wohin, ...»[12]. Beinahe sämtliche Aussagen Bertos über Talino verstoßen diesen ins Tierreich. Für Berto hat der junge Bauer «Ochsenaugen»[13], und dann erinnert er ihn an ein Kalb.[14] «Wenn er nicht lachte, machte Talino Augen, daß er wie ein Ziegenbock aussah».[15] «Er geht stur wie ein Maultier»[16], und schließlich entsteht in Berto der Verdacht, Talino habe vielleicht mit

[11] Zum Verhältnis von Dialekt und Jargon zur Hochsprache in der jüngsten italienischen Literatur (C. E. Gadda, P. P. Pasolini) vgl. den interessanten Aufsatz von Michele Rago: La ragione dialettale (Il menabò 1, Turin 1959, S. 104—123).

[12] Paesi tuoi, a. a. O., S. 8.

[13] Ebenda, S. 12.

[14] Ebenda, S. 20.

[15] Ebenda, S. 71.

[16] Ebenda, S. 97.

allen «das Schwein gemacht».[17] Ehe er die Schwester ersticht, macht Talino «zwei Augen wie eine Bestie»,[18] und als Berto den Flüchtigen im Heu aufstöbert, erscheint ihm der junge Bauer wie ein geprügelter Hund: «Was ich zuerst von ihm sah, waren die Augen, mitten im Heu, als ob er nur noch jene hätte. Es sind die Augen eines Hundes, dachte ich, eines Hundes, der Fußtritte bekommen hat.»[19]

Selten vergleicht Berto hingegen Gisella mit Tieren, und dann handelt es sich nicht um solche aus dem bäuerlichen Umkreis. So erscheint Gisella wie eine Schlange, als sie sich unter den Peitschenschlägen des alten patriarchalischen Vinverra windet.[20] In den ständigen Vergleichen aus dem Tierreich begegnen wir der antihumanen Haltung des Intellektuellen Stefano auf einer neuen Ebene wieder, da der junge Arbeiter in seiner Angst, von den Bauern hinters Ohr gehauen zu werden, in eine aggressive Haltung zu ihnen gedrängt wird. Er erblickt in dem ganzen bäuerlichen Menschenschlag eine listige Naturkraft, die man durchschauen muß, um sie unschädlich und den eigenen Zwecken dienstbar zu machen.

In diesen Zusammenhang gehören auch Paveses Ausführungen über den Humor: der Dichter hielt nur die praktischen Menschen für fähig, dem Leben mit Humor gegenüberzutreten.

«Die Menschen, die praktischen Sinn haben, haben Sinn für Humor. Wer das Leben vernachlässigt, wie üblich verzückt in naiver Betrachtung (und alle Betrachtungen sind naiv), der sieht die Dinge nicht von sich losgelöst, sieht sie nicht ausgestattet mit freier, schnurrig verschlungener, in Gegensätzen verlaufender Bewegung, was eben das Wesen ihrer Komik ausmacht. Das Eigentümliche der Betrachtung ist es hingegen, innezuhalten mitten in der in die Weite verfließenden, lebhaften Empfindung, die in uns bei der Berührung mit den Dingen entsteht. Hierin liegt die Entschuldigung der kontemplativen Naturen: sie leben in Berührung mit den Dingen, und notwendigerweise empfinden sie sie nicht in ihrer Besonderheit und Eigentümlichkeit, sondern empfinden sie nur eben. Die praktischen Menschen — ein Paradoxon — leben losgelöst von den Dingen, empfinden sie nicht, aber begreifen sie in ihrem Mechanismus. Und es lacht über eine Sache nur der, der von ihr gelöst ist. Hierin steckt eine Tragödie: man macht sich mit einer Sache praktisch vertraut, indem man sich von ihr löst, und das heißt, indem man das Interesse daran verliert. Daher der atemberaubende Lauf.»

(Tg. 4. 12. 1937)

---

[17] Ebenda, S. 114.
[18] Ebenda, S. 123.
[19] Ebenda, S. 125.
[20] Ebenda, S. 41.

Die wenigen Stellen mit humoristischem Einschlag in den «Paesi tuoi» sind durch diese gefühllose Haltung gekennzeichnet, die freilich eher sarkastisch-zersetzend als konstruktiv-befreiend wirkt. Bertos Bericht bekommt dann eine humoristische Note, wenn er sich selbst bei einer Dummheit ertappt oder jemand seinen praktischen Zwecken unterordnet. Als er mit Talino auf dem Bummelzug ist, bemerkt er: «Es fehlten nur die Fliegen, und dann wäre es der Stall, der Stallgeruch und das Kalb gewesen. Er sah aus wie das Kalb, aber manchmal dachte ich, es seien zwei.»[21] Von Talinos Schwester Miliota berichtet der Frauenkenner Berto: «Wenn man sie um die Hüfte faßte, konnte man sich den Arm brechen».[22] Als er im Dorfwirtshaus wittert, daß die Besitzerin nicht auf den Kopf gefallen ist, reagiert Berto sofort in der richtigen Weise: «Ich behielt die Wirtin im Auge, die eine jener noch frischen Witwen war, aus deren Bekanntschaft man morgen Vorteil zieht.»[23]

Der Humor Bertos bleibt, wie die angeführten Beispiele zeigen, immer Mittel zum Zweck: er gestattet es, sich von den Dingen zu lösen und sie mit Abstand zu betrachten. Er entsteht, wenn der in eine noch undurchsichtige Wirklichkeit Verstrickte sich bewußt wird, daß er sich beinahe an sie verloren hätte: es ist die Freude darüber, gerade noch einer Dummheit aus dem Wege gegangen zu sein oder eine Bestätigung der eigenen Selbstsicherheit, weil man mit dem Unbrauchbaren keine Zeit verliert und das Vorteilhafte im Flug aufspürt. Der Mechaniker Berto sieht die Wirklichkeit fast nur mit praktischen Augen und ohne Gefühl: die Mitmenschen gelten ihm nicht viel mehr als eine Maschine, die nach ihrer Leistungsfähigkeit beurteilt wird.

Parallel zur Entdeckung der primitiven bäuerlichen Umwelt geht die Entdeckung der Landschaft der Langhe, die für den Städter etwas Wildes, Dionysisches (man denke an den Tod Gisellas beim Dreschen) und geradezu Obszönes an sich hat. Natur wird in den «Paesi tuoi» zu einer blutrünstigen, sexuellen Atmosphäre, die vor dem Abgleiten in die Umgebung von D'Annunzios «Figlia di Jorio» mit knapper Not durch eine ständige Bezugnahme auf die konkrete Wirklichkeit der Objekte bewahrt wird: eine zentrale Bedeutung hat dabei die Dreschmaschine, die in dieser Umgebung isoliert ist wie der Turiner Mechaniker, der sie bedient.

Die Struktur des Romans schießt um wenige Symbole an, zwischen denen wie elektrische Funken die Leidenschaften der Gestalten überspringen und den Bericht nach vorne reißen. Der «Carcere» ist ein

---

[21] Ebenda, S. 20.
[22] Ebenda, S. 65.
[23] Ebenda, S. 107.

kugelförmig wachsender Roman, der sich dauernd über die bereits gewonnene Dimension hinaus verbreitet, «Paesi tuoi» hingegen eine dramatische, einem Endpunkt zustrebende keuchende Erzählung, deren Ereignisse unvermeidlich und unabwendbar sind wie die Entladung eines aufsteigenden Gewitters. Berto klärt sich in seinem inneren Monolog[24] den Wirbel des eben Erlebten: das gibt dem Stil seine Spannung, die sich nur in wenigen episch breit ausgeführten Punkten staut und dann umso schneller wieder weiterstürzt. Man sieht den Roman vor sich entstehen und kann Schritt für Schritt verfolgen, wie Berto dank seines forschen Stils das Gewirr des kaum Vergangenen entknäuelt.

Als sich die beiden jungen Männer Monticello nähern, entdeckt Berto einen Hügel, der wie eine Frauenbrust aussieht, und nachdem der Zug und der Schienenstrang plötzlich verschwunden sind, sieht Berto den Hügel aufs neue, nun aus der Nähe:

«Er war gewachsen und schien tatsächlich eine Weiberbrust, ganz rund an der Seite und mit einem Baumbüschel, das ihn an der Spitze sprenkelte. Und Talino lachte in seinen Bart wie ein Tölpel, als ob er wirklich vor einer Frau stünde, die ihm die Brust zeigte. Ich wette, daß er nie daran gedacht hatte.»[25]

Dieses Bild kehrt im Lauf der Erzählung wie ein Leitmotiv wieder und ist der natürliche Hintergrund zur Erzählung, den Berto (manchmal scheint es allerdings eher Pavese selbst) bewußt erlebt, obgleich

---

[24] Pietro Pancrazi wies in einem Artikel des Corriere della Sera (8. 7. 1941) auf die inneren Monologe bei Verga, Joyce und Faulkner als Vorbilder Paveses hin. Er beanstandete allerdings nicht zu Unrecht, daß Berto zwar jener bestimmte Turiner Arbeiter ist, aber gleichzeitig auch «il poetico e accorto scrittore Pavese ... e il lettore vede davanti a sé, distinti, Berto e Pavese», denn: «Il monologo interiore, così efficare se adoprato a rendere una particolare scena o il particolare momento psicologico d'un personaggio (Verga), quando, come qui, diventa il telaio esclusivo di tutto un racconto, quasi inevitabilemente porta a questi scompensi e contrasti.»

[25] Paesi tuoi, a. a. O., S. 30 f. — Die sexuell geladene Landschaft Paveses und der mit einer Weiberbrust verglichene Hügel findet sich bereits bei Giovanni Faldella, einem Vertreter der «Scapigliatura piemontese», die für die pornoteca des angehenden Dichters wohl einiges Material geliefert haben dürfte: «Vento galoppava come la meteora omonima, Tristano insanguinò il labbro di sotto, e guardò indietro con occhi lagrimosi e velenosi di ferocia. Bestemmiò le colline che lasciava percorrendo a ruba, lo stradone ... maledisse i filari delle viti lanciati nell'orizzonte; gli parvero melensi disegni lineari; le mammelle delle native colline, mucchi di pattume; lebbra i boschi eccelsi ... Vento fustigato da Sansone vinceva l'omonimo... Cessavano di dietro le native colline, lurche all'occhio di Tristano... Ed eccogli davanti le montagne limpide, splendide, turgide nel tramonto... Schizzavano d'erezione. Il fondo del cielo azzurro d'argento e verde d'argento...» (zitiert von Gianfranco Contini in der Einleitung zu den von ihm herausgegebenen «Racconti della Scapigliatura piemontese», Mailand 1953, S. 28).

auch er in die Ereignisse verflochten wird: «Wir sind mitten zwischen zwei Brüsten, sage ich; hier denkt niemand daran, aber wir sind mitten zwischen zwei Brüsten«.[26] Wie Pavese in seinem Tagebuch feststellte, ist dieses sexuelle Symbol einer jener Richtsteine, «die in einem der stofflichen Elemente der Erzählung eine beständige, phantasiegegebene Bedeutung aufzeigen (eine Erzählung in der Erzählung) — eine geheime Wirklichkeit, die an die Oberfläche taucht... ein wahres Beiwort, das die geschlechtliche Wirklichkeit jener Gegend ausdrückt« (Tg. 10. 12. 39). Eine Entsprechung hat dieses Motiv in den Äpfeln des von dem bei der Geburt Gisellas gepflanzten Baums, die Talino dem Städter in einem Zimmer zeigt: «... alle rot und fleckig; sie sahen aus, als ob sie es wäre. Ich nehme mir einen gesunden und beiße ihn an: er schmeckt herb, wie ich sie mag.»[27] Pavese begnügt sich mit einem Biß in den symbolisch verstandenen Apfel, während der Protagonist Cains direkt im Fleisch der Geliebten wütet.

Eine weitere Entsprechung hat die die Landschaft beherrschende Frauenbrust des Hügels in dem Euter der Kühe (das Italienische unterscheidet viel weniger als das Deutsche zwischen tierischem und menschlichem Bereich, und das von Pavese gebrauchte «mammella» bedeutet sowohl «Euter» wie auch «Frauenbrust»):

«Ich habe es nicht gesagt, aber vorher, als sie im Stall molk, hatte auch ich die Zitze und ihre Finger genommen, und indem wir ein wenig zogen, hatte ich etwas Milch verspritzt.»[28]

Kurz darauf eilt Berto mit Gisella zu einer Quelle im Wald, und Leidenschaft und Hitze lösen hier die Landschaft in flimmernde Reflexe auf:

«Gisella schaut mich an, wird rot, sieht sich um, dann sagt sie: ‚Wenn wir schnell machen, ich weiß das Wasser', und sie stürzt sich unter die Bäume und ich hinterher. Sie lief schnell, und manchmal sah ich nur ein Bein von ihr, und ich hörte sie keuchen. Jetzt sind wir wirklich allein, dachte ich, und wir sind mitten in den Brüsten. Ab und zu gab es einen offenen Pfad, aber man sah nur Bäume und heißen Himmel: die beiden Hügel waren nicht hoch genug.

‚Hast du Adele gesagt, daß du mit mir kommst', fragte ich sie im Springen.

Gisella bleibt stehen und erwartet mich. Ich höre das Rauschen des Wassers und sehe es unter ihren Füßen glitzern. Hinter ihr öffnete sich der Himmel, weil die Bäume in niedere Weiden übergingen. Da bleibe

[26] Paesi tuoi, a. a. O., S. 42.
[27] Ebenda, S. 53.
[28] Ebenda, S. 78 f.

ich stehen, und ich höre sie lachen, und sie stürzt rückwärts aufs Gras. Ich falle auf sie, und wir ringen.

Es schien, als ob sie auch noch im Liegen laufe, und sie redete wie eine Verrückte, und kaum ließ ich sie, da bedeckte sie sich mit einem querüber geschlagenen Bein. Sie war ganz verschwitzt wie eine Zunge. Ich sagte ihr: ‚Von Monticello geh' ich nicht mehr weg ... von Monticello geh' ich nicht mehr weg', während sie mich an den Haaren zog.»[29]

Das Grelle der Leidenschaft und das Dionysische der Landschaft sind in diesem Abschnitt völlig miteinander verschmolzen. Der Bericht Bertos bringt schon durch den ständigen Wechsel von Imperfekt und historischem Präsens die Spannung zum Ausdruck. Das wiederholte «Da Monticello non vado più via» gibt mit seiner fallenden Kadenz geradezu das hektische Verzucken des Liebesgenusses wieder.

Die Wiederholung ist eines der auffälligsten Stilmittel in «Paesi tuoi». Im Gegensatz zu dem zitierten Beispiel hat sie jedoch in der Regel die Funktion, eine verhaltene, aber unbändig andrängende Leidenschaft auszudrücken, zum Beispiel «... und Gisella sieht mich an, sieht mich an» (... e Gisella mi guarda, mi guarda)[30] oder: «Talino mi guarda mi guarda»[31]. Von einem Alptraum bleibt Berto der Eindruck: «io cadevo, cadevo sempre, mi pareva di cadere tutta la notte» (ich fiel, ich fiel ständig, es kam mir vor, als ob ich die ganze Nacht fiele)[32]. Wie entscheidend die Wiederholung als Strukturelement in Paveses Romanen ist, das wird die Erläuterung seines Verhältnisses zum Mythos zeigen.

Ein zentrales Motiv für Paveses erzählende Dichtung bildet der Mond — la luna —, der besonders in den späten Werken geradezu eine Obsession wird. Die Bedeutung des Monds für die Landschaften Paveses hat eine Entsprechung in den Gemälden van Goghs, auf denen ja die Gestirne oft eine geradezu beängstigende Intensität erreichen (fast alle zu Lebzeiten Paveses erschienenen Bücher des Dichters haben auf dem Einband Ausschnitte von Bildern des holländischen Malers). Wie bereits der Protagonist der Erzählung «Carogne» (Juni/Juli 1937),[33] hält auch Talino den Einfluß des Mondes auf sein Leben für verderblich.

Die für Pavese so kennzeichnende Stimmung der Sommernächte beruht im Grunde auf wenigen Elementen, die aber mit ähnlichem Nachdruck gestaltet sind wie die stets wiederkehrenden Sterne, Olivenbäume und Hügel van Goghs: bei Pavese fehlen nie der Mond, ein bellender

---

[29] Ebenda, S. 81 f.
[30] Ebenda, S. 73.
[31] Ebenda, S. 125.
[32] Ebenda, S. 102.
[33] Notte di festa, a. a. O., S. 133—174.

Hund und die Grillen. Da der Mond im Italienischen weiblich ist, gehört er für die Männergestalten Paveses in den geheimnisvoll-magischen Bereich der Frau (darauf beruht es wohl, daß Luna in den Frauen in den Mund gelegten Erzählungen und Romanen nahezu ohne Bedeutung bleibt).

Eine Ausnahme bildet in dieser Hinsicht das Gedicht «Luna d'agosto» von 1935, wo eine Frau mitten unter dem «mondenen Grauen» bei der Leiche ihres Mannes wacht und bereits der wilde landschaftliche Hintergrund der «Paesi tuoi» beschworen wird.[34]

Berto wartet das Erscheinen des Mondes ab, der unvermittelt auftaucht: «Da war wirklich der Mond, ein schwerer Mond mit der Farbe der Hitze».[35] «Es war eine Freude, unten zu sein, denn es gab mehr Grillen als Sterne, und ab und zu bellten sich die Hündinnen auf den Hügeln zu . . .»[36] «Aber Gisella kam nicht, und ich machte Feuer und rauchte, und das Stoppelfeld war etwas weiß und etwas schwarz, je nachdem der Mond ging, und der Wind erhob sich, und das Schilfrohr mit seinen Grillen knisterte stark, und alle Hunde schliefen.»[37]

Pavese hat dieses Verhältnis zwischen Hund und Mond in einer Reihe anderer Werke gestaltet, und er entging dabei nicht immer der Gefahr, diese geheimnisvolle Wechselbeziehung allzu sehr unter seinem ethnologischen Gesichtswinkel zu sehen. Die Einflüsse des Mondes entsprechen bei ihm in der Tat fast durchweg denen der Hekate in den griechischen Mythen. In seinem Aufsatz über «Sophron oder der griechische Naturalismus» umreißt Karl Kerényi das Verhältnis zwischen dem Gestirn und dem Hund in einer Weise, die am besten die Rolle der Luna bei Pavese erläutern kann:

«Ihre (Hekates) Beziehungen zum Hund sind allbekannt. Sie wurden durch die Anrede Κυναναιδές gerade durch unseren Mimos (Sophron) in einem bestimmten Sinn betont: im Sinn der Unverschämtheit. Hunde sind die unverschämt Raffenden: die Harpyien. Außerdem haben Hunde mit Leichen und Aas zu tun: auf Schlachtfeldern, Begräbnisplätzen, Müllhaufen. Die Unverschämtheit, Unreinheit, Freßgier im hündischen Wesen drückt ebenso etwas der Hekate Eigentümliches aus, wie gewisse Eigenschaften des Wolfes etwas Apollinisches. Dazu kommt, daß der Hund unter den Tieren jene ‚Nervosität' besitzt, welche Geistererscheinungen spürt, die Erscheinung der Hekate ganz besonders.»[38]

---

[34] Lavorare stanca, a. a. O., S. 26 f.

[35] Paesi tuoi, a. a. O., S. 66.

[36] Ebenda, S. 67.

[37] Ebenda, S. 69.

[38] Apollon — Studien über antike Religion und Humanität, Wien 1937, S. 158.

# ABSCHIED VON DER JUGEND

## «*La bella estate*» und «*La Spiaggia*»

> Die Dichtung entstammt nicht dem our life's work, dem normalen Ablauf unserer Beschäftigungen, sondern den Augenblicken, da wir den Kopf heben und mit Staunen das Leben entdecken. (Tg. 16. 4. 1940)
>
> Deine Dichtkunst ist gezwungenermaßen dramatisch, weil ihr Auftrag die Begegnung zweier Personen ist — das Geheimnis, der Zauber und das Abenteuer dieser Begegnungen —, nicht das Bekenntnis deiner Seele.
>
> Du hast bisher die Gegensätze der Umwelt bevorzugt (Nord gegen Süd; Stadt gegen Land), weil diese Gegensätze die der beiden Personen ansehnlich kleiden. (Tg. 21. 6. 1940)

Bei dem 1940 entstandenen Roman «La bella estate» (Der schöne Sommer) ist die textkritische Frage nicht weniger problematisch als bei «Il carcere»: Pavese hat in der Tat diesen nach den «Paesi tuoi» entstandenen Roman erst viele Jahre später zusammen mit «Il diavolo sulle colline» und «Tra donne sole» 1949 in einem Band veröffentlicht. Ob und in welchem Umfang der Dichter das Manuskript von 1940 überarbeitete, läßt sich im Augenblick noch nicht sagen. So viel ist jedoch gewiß, daß die Gesamtausgabe mit den Varianten zu den veröffentlichten Texten äußerst interessante Einblicke in Paveses Entwicklung und Schaffensprozeß gestatten wird. Dies zeigt besonders überzeugend eine Tagebuchnotiz vom 22. 8. 1949.

Aus den zurückgestellten Sachen (Fallimenti 41—47) dieser Anfang (15. November 1939):

«2) Cinina dachte nicht an den Nebel und lief noch immer, als wäre sie allein auf der Straße. Dieses Gefühl, niemanden um sich herum zu hören, war süß und sonntäglich. 1) Cinina ging in diese und jene Richtung, wider Erwarten, wobei sie unbestimmt den Nebel-Schwaden folgte, die seit dem Morgen heller geworden waren.

Sie blieb auf einem Platze stehen ...»

(Vorbereitung zu Tenda oder La bella estate)

Bei dem endgültigen Beginn mit der einleitenden Feststellung «A quei tempi era sempre festa»[1], die der Beschreibung von Ginias Unruhe vorausgeht, macht sich der Einfluß von Paveses Beschäftigung mit dem Mythos und der mythischen Zeit geltend, wie ja auch der Verzicht auf

---

[1] La bella estate, Turin 1949, S. 7.

den ursprünglichen Titel «La tenda» (Der Vorhang) zugunsten der jahreszeitlichen Bezeichnung auf eine Änderung in diesem Sinne hinweist. Gerade während der Niederschrift der «Bella estate» gab sich Pavese Rechenschaft über die dichterische Zeit:

«Wie von der Zeit, so vom Raum. Dichtung und Malerei. In einer Dichtung darf die empirische Zeit nicht existieren, genau so wie in einem Gemälde der empirische Raum nicht existieren darf. Ein Werk schaffen bedeutet also, seine Zeit und seinen Raum in absolute verwandeln. Eine der anerkanntesten Methoden war immer die, seine Zuflucht zu nehmen zur inneren Kraft des Gefühls, die, wie bekannt ist, die empirische Zeit und den empirischen Raum verwandelt.»

(Tg. 26. 2. 1940)

Paveses hartnäckige Neuansätze zu seinen erzählerischen Auftakten beruhen auf der Ansicht, aus einem gelungenen Anfang lasse sich die ganze Erzählung abspulen:

«Wenn die erste Zeile einer Erzählung geschrieben ist, ist schon alles gewählt, der Stil, der Ton, wie die Wendung der Geschehnisse. Wenn die erste Zeile dasteht, ist es nur noch eine Frage der Geduld: alles übrige muß und kann durchaus hervorgehen.» (Tg. 22. 7. 1938)

Bereits im Winter 1937 hatte der Dichter in der kurzen Erzählung «Le tre ragazze»[2] Wirklichkeit aus dem Blickfeld eines jungen Mädchens gestaltet. Er nahm diese Perspektive in «La bella estate» wieder auf, erzählte nun aber in der dritten Person (wie übrigens bereits im «Carcere»), obwohl kein dringender Grund dafür bestand, denn er verläßt nie das Blickfeld Ginias, und selbst da, wo ein Kapitel mit einem «Von Amelia wußte man wenigstens, daß sie ein anderes Leben führte» eröffnet wird, nimmt der Erzähler nicht etwa aus epischem Abstand den Bericht in die Hand, sondern — wie der schnelle abermalige Übergang in die Perspektive Ginias zeigt — handelt es sich bei dieser einleitenden Bemerkung nur um einen inneren Monolog der Protagonistin.

«La bella estate» gestaltet die Entdeckung der Welt durch eine junge Schneiderin. Die Zeit verstreicht sprunghaft, und das endlose Straßennetz Turins und der umliegenden Hügel, das überall mit seinen Geheimnissen lockt, läßt den Verlust der Zeit bei gleichgültiger Arbeit besonders schmerzlich empfinden. Zeit und Raum sind in diesem Roman untrennbar miteinander verbunden: der festlichen Zeit entspricht der festliche Raum, so daß Ginia bei dem ersten Besuch in dem Atelier ihres späteren Geliebten Guido benommen sagt: «Man hat den Eindruck, im Kino zu sein».[3] Der Entdeckungshunger Ginias ist so groß, daß sie ständig befürchtet, etwas zu versäumen; dies fast gierige Erfassen der

[2] Notte di festa, a. a. O., S. 59—75.
[3] La bella estate, a. a. O., S. 31.

Wirklichkeit gibt dem Roman sein besonderes Tempo, das sich musikalisch mit einem immer neuansetzenden Allegro beschreiben ließe:

«Aber was für ein Leben führe ich, ich stehe keinen Augenblick still».[4] «Eines Abends ging sie aus, ohne ein Ziel zu haben».[5] «Die Tage, an denen sie sich nur flüchtig sahen, waren die schönsten, aber man hatte nie Zeit, um ein bißchen ruhig miteinander zu reden, ...».[6] «Ginia hielt es am nächsten Tag nicht mehr aus. Sie ging eine Stunde früher aus»[7] «Auch der Sonntag ging vorbei wie im Traum».[8] «Am nächsten Morgen wachte sie wie erschlagen auf. Im Nu war es Mittag».[9] Sprunghaft wie Ginias Existenz sind die Sätze und die kurzen vier bis fünf Seiten umfassenden Kapitel des Romans, die fortan ein wesentliches Aufbauprinzip von Paveses Prosawerken sind.

Das immer wieder festgestellte Verrinnen der Zeit geht darauf zurück, daß Ginia von allem Anfang an befürchtet, den «schönen Sommer», diese einmalige unwiederbringliche Zeit zu verlieren: «Manchmal dachte sie, jener Sommer werde nie mehr enden und zugleich, daß man ihn schnell genießen müsse, denn beim Wechsel der Jahreszeiten mußte etwas geschehen».[10] «Es schien ihr unglaublich, daß im nächsten Jahr der Sommer zurückkehren werde. Und sie sah sich schon mit verweinten Augen abends allein in den Alleen von zu Hause zur Arbeit und von der Arbeit nach Hause gehen».[11] An die Stelle der mannigfaltigen Verheißungen der Straße tritt hier das mechanische Hin und Her von «our life's work», das es nicht mehr gestattet, den Blick auf das Leben selbst zu richten.

Ginias Verhältnis zu Guido findet einen jähen Abschluß, als er sie trotz der verheimlichten Gegenwart seines Zimmergenossen Rodrigues entkleiden und Modell stehen läßt. Der jugendliche Drang zum Leben hin gerät dadurch in eine schwere Krise: «Als sie allein im Schnee war, kam es ihr vor, als sei sie noch nackt. Alle Straßen waren leer, und sie wußte nicht, wohin sie gehen sollte ... Sie dachte mit Freuden daran, daß der Sommer, den sie erhofft hatte, nie mehr kommen würde, denn jetzt war sie allein und würde nie mehr mit jemandem sprechen, sondern den ganzen Tag arbeiten, und so würde wohl auch Frau Bice

[4] Ebenda, S. 29.
[5] Ebenda, S. 30.
[6] Ebenda, S. 59.
[7] Ebenda, S. 70.
[8] Ebenda, S. 73.
[9] Ebenda, S. 74.
[10] Ebenda, S. 17 f.
[11] Ebenda, S. 50.

zufrieden sein ... Sie hatte die Frau spielen wollen und hatte es nicht fertiggebracht ...»[12]

Der «schöne Sommer» ist verloren und die frauliche Reife noch nicht erreicht. Ginia wendet sich daher wieder an die erfahrenere syphilitische und lesbische Freundin Amelia, die sich als Prostituierte und Modell durchs Leben schlägt. Mit den an sie gerichteten Worten: «Gehen wir hin wo du willst. Führ' mich du»[13] schließt der Roman.

Pavese hat in «La bélla estate» offensichtlich autobiographische Erinnerungen aus der Turiner Studentenzeit verarbeitet, das Werk ist jedoch kein ‚Künstlerroman', denn dank der streng durchgehaltenen Perspektive Ginias werden theoretische Diskussionen allenfalls am Rande eingeflochten, und der Gegensatz zwischen der gegenständlichen Malerei Guidos und der abstrakten des Portugiesen Rodrigues wird nie essayistischer Exkurs.[14]

Die Frauengestalten der «Bella estate» erinnern in manchen Zügen an die Dirnen in «Lavorare stanca», besonders in Amelia kehrt die ihren Tag in Cafés verbummelnde Deola wieder. Merkwürdig müßte die Tatsache berühren, daß ein großer Teil von Paveses Frauengestalten Lesbierinnen sind, wenn man nicht bedenken würde, daß sich der Dichter vielleicht damit darüber hinwegtrösten wollte, daß er sie als Mann nicht sonderlich interessierte. Pavese selbst war sich darüber im klaren, daß seine Gestalten vom «realistischen» Standpunkt aus nicht befriedigten, denn wie er mit der üblichen kritischen Schärfe feststellte, kamen in seinen Dichtungen «die besonderen (d. i. malerischen) Berufe etwas zu häufig vor» (Tg. 19. 2. 1940). Von hier aus gesehen ist die am 18. Januar 1941 abgeschlossene Erzählung (Pavese bezeichnet übrigens fast alle seine umfangreicheren Prosawerke bald als «Erzählung», bald als «Roman») «La Spaggia» (Der Strand) ein beachtlicher Neuansatz: sie stellt einen ersten wichtigen Schritt zur dichterischen Erschließung eines neuen, bis jetzt kaum gestalteten Milieus dar.

«La Spiaggia» ist neben «Paesi tuoi» das einzige Erzählwerk Paveses, das noch während des zweiten Weltkriegs erschien. G. B. Vicari veröffentlichte es 1942 in der von ihm geleiteten Reihe «Lettere d'oggi». Die Kritik nahm das schmale Bändchen ziemlich gleichgültig auf, und besonders schwer wog die Tatsache, daß sich der Verfasser selbst von ihm distanzierte:

«‚Der Strand' hingegen, mein nicht brutaler, nicht proletarischer und nicht amerikanischer Roman — den zum Glück wenige gelesen haben —

[12] Ebenda, S. 87 f.

[13] Ebenda, S. 90.

[14] Zu den ersten Werken Paveses vgl. den umfangreichen Aufsatz von Pio Fontana: Il primo Pavese da «Lavorare stanca» a «La Spiaggia» (Aevum, Sept./Dez. 1958, S. 462—503).

ist kein Splitter vom Monolith. Er ist das Ergebnis einer Zerstreutheit, auch in menschlicher Hinsicht, und, um es kurz zu machen, wenn es der Mühe wert wäre, würde ich mich seiner schämen.»[15]

Gewöhnlich wird allerdings das Datum dieser Äußerung nicht beachtet. Pavese schrieb sie 1946 im Jahre des «Genossen» und der «Gespräche mit dem Genossen» nieder, also zu einem Zeitpunkt, als er mehr als je zuvor oder nachher politisch engagiert war und das kleine Werk auch in ideologischer Hinsicht als eine Entgleisung betrachten mußte. Mit der «Spiaggia» hatte Pavese eine «bürgerliche» Erzählung geschaffen, die nicht nur in der wohlhabenden Gesellschaftsklasse spielt, sondern auch diese Gesellschaftsklasse in ihrer Daseinsberechtigung nicht in Frage stellt. Daß die «Spiaggia» jedoch mehr als «das Ergebnis einer Zerstreutheit» war, beweist nicht nur die Tatsache, daß der Dichter später wieder auf das hier gestaltete Milieu zurückkam, sondern auch die bereits 1938 entstandene Erzählung «Villa in collina» (Villa am Hügel).[16]

Pavese kam es damals darauf an, den in der ersten Person sprechenden Protagonisten «bis in seine Ausdrucksweise zu kennzeichnen» (Tg. 31. 12. 1937), und was war naheliegender, als diesen Wechsel in der Ausdrucksweise durch die Gestaltung eines anderen Milieus zu erreichen. Daneben beschäftigte ihn wie in allen diesen ersten Erzählungen ganz besonders die Gestaltung der Zeitdimension, auf die ihn besonders das Studium der Werke Prousts hinwies, so daß «Villa in collina» geradezu als eine «Suche nach der verlorenen Zeit» betrachtet werden kann:

«Ich stieg wieder die Straße im Hügelland hinauf, und die alten Kulissen aus Grün und kleinen Mauern, wie sie allmählich in den Wegbiegungen auftauchten, schienen mir unwirklich. Solange hatte ich fern von ihnen gelebt, und nur in gewissen versonnenen Augenblicken hatte ich an sie gedacht, so daß ihre stoffliche Gegenwart nun auf mich nur wie ein Symbol der Vergangenheit wirkte.

Aber keine Symbole waren die abendliche Brise und der Geruch dieser Erde. Hier fand ich leiblich die Stimmung meiner Jugend wieder, denn diese Dinge hatte ich nie vergessen, sondern irgendwo fern auf dem Land oder in den Alleen der Städte hatte ich die Luft eingesogen und wieder andere Zeiten gekostet.

Auch die Stimme am Telephon war kein Symbol gewesen . . .»[17]

Hier wird die Zeit direkt zum Stoff der Erzählung und bewältigt durch Verkürzen oder Verlangsamen (vgl. Tg. 22. 9. 38). Auch in dem «Viaggio di nozze» und in den «Suicidî» wurde allmählich eine zunächst

[15] Lett. americana, a. a. O., S. 248.
[16] Notte di festa, a. a. O., S. 197—212.
[17] Ebenda, S. 199.

dunkle Vergangenheit ans Licht des Bewußtseins gebracht, aber der Protagonist bemühte sich nicht systematisch um sie, denn da genügte es noch, daß er sich seinem auf seiner Einsamkeit beruhenden Schuldgefühl überließ, und er dachte wieder an Carlotta. In der «Villa in collina» sucht der Erzähler zunächst vergeblich eine Beziehung zwischen dem Einst und dem Jetzt herzustellen, die stoffliche Gegenwart hat «nur» symbolischen Wert. Erst der Geruchssinn, Gefühl und Gehör verbürgen ihm, daß er keinem Trugbild gegenüber steht. Die Erscheinung eines jungen Mannes unterbricht den Erzähler bei seinem Bemühen, sich in die Vergangenheit zu versenken, um «die alte Unruhe» wiederzufinden. Nach dieser kurzen Unterbrechung bereitet er sich innerlich auf den Besuch bei Ginia vor. Diese Augenblicke vor dem Wiedersehen bereiten den Rahmen für die Aufnahme des Kommenden vor, und der Wunsch, diesen Rahmen so umfassend wie möglich zu gestalten, läßt den Erzähler noch gerne in dieser Übergangssituation verweilen, in diesem Niemandsland zwischen Einst und Jetzt:

«Mir passiert es, daß ich die Einsamkeit besonders dann genieße, wenn ich weiß, daß ich in kurzem aus ihr heraustreten muß, und erst nachdem ich diese Straße der Vergangenheit hinaufgestiegen war, leistete mir die Erinnerung Gesellschaft wie kleine weiße Wölkchen.»[18]

Das Wiedersehen mit Ginia wird ausgespart, und im Helldunkel der Villa macht der Erzähler nun mit dem in Ginia verliebten jungen Mann von vorher, Ginias Mann und den anderen Gästen Bekanntschaft. Die meisterliche Gestaltung der Abendstimmung läßt alles in dem unwirklichen Licht, in das die Umgebung der Villa schon von Anfang getaucht war:

«Da es dunkelte, beugte sie sich vornüber und kniff die Augen zu, um mich besser zu sehen.»[19]

«In diesem Augenblick zündete jemand vom Hause die Lampe über uns an, und vor mir erschien in dem grellen Licht das olivfarbene, magere Gesicht mit den spöttischen Augen.»[20]

«Er trat ans Licht und blieb zögernd auf dem Kiesweg stehen. Sein plötzlich beleuchtetes Gesicht schien mir nicht mehr so jung und so glatt, denn ein Zug des Leidens hatte sich darin eingekrallt, der nicht zu den Augen paßte.»[21]

---

[18] Ebenda, S. 200. — Untersuchungen über Zeit und Erinnerung im Werk Paveses stehen noch gänzlich aus, und es ist bedauerlich, daß Hans Robert Jauss in seinem vorzüglichen Buch «Zeit und Erinnerung in Marcel Prousts ‚A la recherche du temps perdu'», Heidelberg 1955, nicht auf den italienischen Erzähler die Sprache bringt.

[19] Notte di festa, a. a. O., S. 202.

[20] Ebenda, S. 203.

[21] Ebenda, S. 204.

«Zum Glück isolierte mich und alle anderen, die auf der Terrasse saßen, der Halbschatten, ...»[22]

Nach dem unruhigen Hin und Her der Gäste und der Gastgeber löst schließlich die Nachricht von der Schwangerschaft Ginias die Abendgesellschaft auf. Der junge Mann wird dadurch aus den Träumen seiner ersten Liebe geworfen, und der Erzähler sieht die Beziehung zwischen dem infolge der Ereignisse im Dunkel bleibenden Einst und dem Jetzt endgültig zerschnitten, und die neuen Ereignisse zersetzen nun auch die bereits auskristallisierte Erinnerung:

«Und der frische Schatten, der Duft der Wälder, die Erscheinung Ginias, gaben mir keine Ruhe, fügten sich nicht mehr zu inniger Erinnerung, sondern fraßen beunruhigend und vieldeutig an den Wurzeln meines Herzens wie Dinge, die mir nicht gehörten»[23]

Der letzte Abschnitt der kurzen Erzählung bringt die völlige Auflösung der fernen Vergangenheit und selbst des vor kurzem Erlebten. In dem von der Erwartung konstruierten Rahmen hängen nur einige Eindrücke, die beziehungslos nebeneinander bestehen. Der Versuch, mit der verlorenen Zeit eine Begegnung zu feiern, endet so im Leeren, und schließlich beherrschen die eingangs erwähnten unwirklichen Kulissen der Bäume wieder das Bild:

«Wir bildeten zwei Gruppen. Vorne die Dame und die beiden Alten; hinten ich zwischen Ada und der kleinen Blonden. Die dunklen Kulissen der Bäume hatten im Schatten jede Stofflichkeit verloren, und der tiefe Erd- und Nachtgeruch war allein unter den Sternen. Ich ging ohne Erinnerungen, antwortete kaum auf die Reden und sehnte mich nach dem Augenblick, wo ich allein sein würde.»[24]

«Villa in collina» ist die erste in bürgerlichem Milieu spielende Erzählung Paveses: von hier aus führt der Weg zum «Strand» und zum «Teufel auf den Hügeln». Wie sehr später Pavese auch die hier angeschlagenen Motive vertiefte und die Strukturen verfeinerte, wesentlich Neues fügte er dem bereits hier Entworfenen nicht hinzu. Ginias Mann ist bereits der dann immer wieder auftauchende geheimnisvolle Reiche, über dessen berufliches Leben man nie Genaues erfährt, und die nächtlichen Feste haben immer etwas Improvisiertes wie die Abendgesellschaften in der Villa des Great Gatsby bei Francis Scott Fitzgerald.[25]

[22] Ebenda, S. 206.
[23] Ebenda, S. 210.
[24] Ebenda, S. 212.
[25] Leone Piccione sucht in seinen beiden umfangreichen Aufsätzen über Pavese (Letteratura leopardiana e altri saggi, Florenz 1952; Sui contemporanei, Florenz 1953) nicht ohne einige stichhaltige Belege eine starke Wirkung der Romane F. S. Fitzgeralds auf die «mondänen» Romane Paveses nachzuweisen, allerdings ohne daß der Dichter selbst irgendwelchen Anhaltspunkt gegeben hätte.

Zwei Jahre später griff Pavese auch in technischer Hinsicht die «Villa in collina» in der «Spiaggia» wieder auf. Der fiktive Erzähler erfüllt dabei wieder die von dem Dichter an ihn gerichtete Forderung, er habe vor allem ein Zuschauer zu sein (Tg. 1. 3. 1940): hier wie dort beobachtet der nur bis zu einem gewissen Grad beteiligte Erzähler, wie eine Frau sich endgültig von ihrer Vergangenheit löst und ein junger Mann dadurch in eine ernste sentimentale Krise gerät. Dies zeichnet sich auch im Stil ab: es handelt sich nicht mehr um die Verarbeitung eines kaum erlebten außerordentlichen Ereignisses wie in den «Paesi tuoi» oder um die lebenshungrige Entdeckung der Welt wie in «La bella estate», sondern um die eher neugierige als menschliche Teilnahme an dem Leben von Personen, die in der «Villa in collina» durch den zeitlichen und in der «Spiaggia» auch durch den räumlichen Abstand an die Peripherie der Interessen des Erzählers getreten sind.

Der Protagonist der «Spiaggia», ein Turiner Intellektueller, entschließt sich nach geraumer Zeit, die Einladung seines nunmehr in Genua lebenden Freundes Doro anzunehmen und mit ihm und seiner Frau Clelia am gleichen Ort an der Riviera die Ferien zu verbringen. Kurz vor seiner Abreise trifft jedoch Doro unvorhergesehen in Turin ein, und die beiden Freunde durchlärmen mit einigen Kumpanen eine Mondnacht im Heimatdorf auf den Hügeln. Vergeblich sucht sich der Erzähler diese plötzliche Ankunft des Freundes zu erklären, denn alle Versuche, diesem ein Bekenntnis abzulisten, gehen fehl.

Als der Erzähler endlich mit Doro an dem Badeort eintrifft, mietet er sich ein Zimmer und entdeckt im Hofe mit Staunen einen alten knorrigen Olivenbaum, der ihm den Eindruck gibt «auf dem Lande zu sein, in einer fremden Landschaft».[26] Die schwer bestimmbare Spannung, welche die Beziehung zwischen dem befreundeten Ehepaar beherrscht, beunruhigt den Erzähler, der vergeblich eine vertrauliche Mitteilung von einem der beiden Partner erwartet. Clelia schafft sich mit dem Meer, das bei Pavese wie bei Kerényi[27] die Rolle des großen Zweideutigen spielt, einen geheimnisvollen, nur ihr gehörigen Hintergrund, in den sie mitunter plötzlich entgleitet und aus dem sie dann ebenso unerwartet wieder auftaucht.[28] Es ist das Bindeglied zu ihrer Kindheit und damit

[26] «La Spiaggia» wurde erst 1956 bei Einaudi in Turin veröffentlicht, da der Dichter zu Lebzeiten keine Neuauflage der Erzählung wünschte. Ich zitiere nach der zweiten unveränderten Auflage (Turin 1956). — Ebenda, S. 34.

[27] Apollon, a. a. O., S. 130.

[28] Das Meer ist für Clelia nicht nur Symbol für eine «sorglose Existenz ohne Verpflichtungen und Verantwortungen» (L. Bergel in seinem interessanten Artikel über die «Spiaggia» — Spettatore italiano, Okt. 1955, S. 420 f.), sondern zugleich der geheimnisvolle Bereich, den Clelia mit Aphrodite teilt. (Vgl. den Dialog «Wellenschaum» in den «Gesprächen mit Leuko»).

zu ihrem ureigensten Selbst, so daß sie ihre Vertrautheit mit dem Meer auch nicht mit Doro teilen will. Selbst der Lebemann Guido versteht, daß Clelias Verhältnis zum Meer ihre Untreue gegenüber allen ist, und als der Erzähler einmal mit ihr ins Wasser gehen will, lehnt sie leidenschaftlich ab: «Die Gesellschaft des Meers genügt mir. Ich will niemanden. Im Leben habe ich nichts Eigenes. Lassen Sie mir wenigstens das Meer».[29] Wie sie bekennt, war der Horizont des Meers in der Kindheit ihr einziger Umgang, von dem sie sich auch jetzt nicht trennen will:

«Ich glaubte an alles, was man mir sagte. Ich wagte es nicht, das Gesicht zwischen die Stäbe der Gartentür zu pressen, da jemand vorbeigehen und mir die Augen auskratzen konnte. Und doch sah man von der Gartentüre aus auch das Meer, und ich hatte keine andere Zerstreuung, denn man hielt mich immer eingesperrt, und ich saß auf dem Bänkchen und horchte auf die Vorübergehenden, horchte auf die Geräusche. Wenn eine Sirene im Hafen ertönte, war ich glücklich.»[30]

Doros «mythischer» Hintergrund ist dagegen neben seiner piemontesischen Heimat seine Leidenschaft für das Malen, die während des Aufenthalts am Strand zum letzten Mal zum Durchbruch kommt.

Bis in Einzelheiten erinnert der Gymnasiast Berti an den jungen Mann aus der «Villa in collina». Clelias Tanz mit ihm in einem Lokal auf den Hügeln wird ihr letzter Ball als Mädchen, ihr endgültiger Abschied von der Jugend. Kurz darauf treibt die Nachricht von ihrer Schwangerschaft die ganze Badegesellschaft auseinander.

Lienhard Bergel sieht die Bedeutung der «Spiaggia» besonders darin, daß es Pavese hier gelungen sei, das Grundproblem seines Daseins und seiner Gestalten — die Überwindung der Jugend und die Einordnung in das Leben der Erwachsenen — zu einem positiven Ausgang zu führen. Allerdings darf man dabei nicht übersehen, daß Clelia ihrer künftigen Mutterschaft fast mit Widerwillen entgegensieht, und das bei Pavese immer wieder durchbrechende Leitmotiv vom Ekel am eigenen und der anderen Dasein auch hier auftaucht:

«Clelia kam in diesem Augenblick aus dem Zimmer und fragte, wer da sei. Sie lächelte mir zu, fast mit einer Miene, als ob sie sich entschuldigen wolle und führte das Taschentuch an den Mund. «Ekle ich sie nicht an?‘ sagte sie.»[31]

Während Pavese das Werden und Vergehen der Natur ob seiner rhythmischen Gesetzmäßigkeit bewunderte, hatte er für das Problem der Nachkommenschaft nur Sarkasmus übrig:

---

[29] La Spiaggia, a. a. O., S. 69.

[30] Ebenda, S. 62 f.

[31] Ebenda, S. 111.

«Er hat ein Ziel gefunden in seinen Söhnen». Damit auch sie ein Ziel in ihren Söhnen finden? Aber wem nutzt diese allgemeine Vögelei? So ungeheuer blöde, daß er, um ein Ziel für sein Leben zu finden, einen Sohn hat zeugen müssen.» (Tg. 8. 7. 1938).

Obschon Pavese in seiner Anthologie «Lavorare stanca» zehn Gedichte unter dem Titel «Mutterschaft» zusammenfaßte, gestaltet keines das Verhältnis von Mutter und Kind, und auch in den Prosawerken sucht man vergeblich danach. Mutterschaft ist für ihn vor allem Opfer des Leibs und selbst des Lebens:

«. . . La donna era giovane
e rideva e parlava, ma è un gioco rischioso
prender parte alla vita.. . .»[32]

Der Ekel am Dasein trübte Pavese den Blick für eine der wesentlichsten Seiten des menschlichen Lebens, und so hat auch der Erzähler in der «Spiaggia» für seinen früheren Schüler Berti nur die bedenkliche Antwort:

«Es ist verdrießlich — . . . — daß diese Dinge passieren. Damen wie Clelia sollten nie darauf hereinfallen.»[33]

Freilich, vom Standpunkt erzählerischer Technik aus haben diese Feststellungen wenig zu sagen. Interessant ist für Paveses Entwicklung in diesem Zusammenhang, daß er vier Jahre nach seiner Verurteilung der «Spiaggia», die er doch auch menschlich nicht verantworten zu können glaubte, seine Dichtung nur noch mit strukturellen Maßstäben beurteilte:

«Wenn Pavese eine Erzählung, eine Fabel, ein Buch beginnt, passiert es ihm nie, daß er ein in sozialer Hinsicht bestimmtes Milieu, eine Person oder Personen, eine Tendenz im Sinn hat. Was er im Sinn hat, ist fast immer nur ein undeutlicher Rhythmus, ein Spiel von Ereignissen, die mehr als alles andere Gefühle und Stimmungen sind . . . Die Personen dienen ihm lediglich dazu, verständliche Fabeln zu bauen, deren Thema der Rhythmus dessen ist, was sich ereignet.»[34]

Die Unruhe der Personen in der «Spiaggia» ist das Ergebnis der rhythmischen Bewegung, die in der Zeitdimension von der Kindheit bis zur Schwelle des Mannesalters verläuft und in der Raumdimension von Genua zum Hügelland des Piemont und von Genua zum Meer.[35] Am

[32] Lavorare stanca, a. a. O., S. 117.

[33] La Spiaggia, a. a. O., S. 114.

[34] Letteratura americana, a. a. O., S. 294.

[35] L. Bergel (a. a. O.) weist in diesem Zusammenhang auf Hemingways Erzählung «Cross-country snow» hin, in welcher der Polarität Stadt und Land und Stadt und Meer bei Pavese der Kontrast zwischen Europa und Amerika entspricht. Wie bei Pavese haben die beiden Freunde noch einmal ein gemeinsames Erlebnis, ehe die Ankunft eines Kindes einen von ihnen zur Heimkehr zwingt.

Ende des Romans kehren alle Gestalten in ihr «bürgerliches» Leben zurück oder ordnen sich den Erfordernissen von our life's work zum ersten Male unter, wodurch das Spannungsfeld zwischen ihnen aufgehoben wird.

## DIE MYTHEN DER KINDHEIT

### *Feria d'agosto*

> Wir alle leben vom Vergangenen und gehen am Vergangenen zu Grunde. (Goethe: Maximen und Reflexionen)
> Was die Zukunft an Umfang voraus hat, ersetzt die Vergangenheit an Gewicht und an ihrem Ende sind ja die beiden nicht mehr zu unterscheiden, früheste Jugend wird später hell, wie die Zukunft ist, und das Ende der Zukunft ist mit allen unsern Seufzern eigentlich schon erfahren und Vergangenheit.
> (Kafka: Tagebücher, 1910)

Die zunächst ziemlich unbeachtet gebliebene Prosasammlung «Feria d'agosto» (Sommerferien) enthält nicht nur Paveses erste aus seiner Hinwendung zu den Mythen der Kindheit hervorgegangenen erzählerischen Früchte, sondern auch seine neue Poetik, die den Ausgangspunkt für seine gelungensten Werke bildet. Die Texte von «Feria d'agosto» entstanden zwischen 1941 und 1944 parallel zu den zahlreichen um den Mythos kreisenden Aufzeichnungen der Tagebücher, die auch die Grundlage für die von dem Dichter begründete und herausgegebene Schriftenreihe religionsgeschichtlicher und ethnologischer Werke des Verlags Einaudi bildeten.

Die Beschäftigung mit Mythologie und Ethnologie führte Pavese zu den eigenen Mythen, die er in seiner Kindheit zu finden glaubte und unter die er seine ganze Existenz gestellt sah. Er beruft sich dabei auf Giambattista Vico, in dem er den Entdecker des ganzen Fragenkreises verehrte. Vico führte ja den Mythos auf den Wunsch des Menschen zurück, den Dingen Namen zu geben, was soviel bedeutete wie Ordnung-Schaffen.[1]

Pavese stößt mit seinen Feststellungen wieder zu einem Vico vor, der in der Systematik Croces nicht zur Geltung gekommen war: es handelt

---

[1] In einem Aufsatz von 1950 umriß Pavese besonders eingehend Vicos Verhältnis zum Mythos: Quelli che il Vico chiama universali fantastici sono — è noto — i miti, e in essi i fanciulli, i primitivi, i poeti (tutti coloro che non esercitano ancora o non del tutto il raziocinio, la «umana filosofia») risolvono la realtà, sia teoretica che pratica. Fu il primo il Vico a notare e interpretare l'evidente fatto che tutta l'esistenza dei primitivi (i «popoli eroici») è modellata sul mito. Ora quest'atteggiamento umano fondamentale, questa riduzione di «tutte le spezie particolari» a «certi modelli», «a generi fantastici», non è altro che l'atteggiamento religioso (Il mito: Lett. americana, a. a. O., S. 346 f.).

sich um den irrationalen, religiösen und spekulativen Vico,[2] den einzigen italienischen Schriftsteller, der das Landleben außerhalb der Arcadia empfand (Tg. 5. 11. 1943). Die wahre italienische ländliche Dichtung und den einzigen italienischen «Naturalismus» sah Pavese daher folgerichtig nicht in den kümmerlichen dichterischen Leistungen der zeitgenössischen Bewegung Strapaese, oder gar in D'Annunzios in den Abruzzen spielenden Werken, sondern in Pier dei Crescenzis, Davanzatis und Soderinis Prosaschriften über den Ackerbau: «Hier ist ein Beiwort wirklich oft ein ganzes Gedicht. Was bei den Versen derselben Zeit nicht vorkommt» (Tg. 12. 4. 1944). Rousseaus Welterfolg war nach Paveses eben deshalb möglich, weil er die unter dem Namen Arcadia bereits seit Jahrhunderten bekannte kulturelle Welt durch seine Deutung vertiefte und dadurch das Überkommene mit dem Neuen verknüpfte (Tg. 9. 7. 1944).

Die Bedeutung, die Pavese im Anschluß an Vico dem Ursprünglichen, Wilden und Bäuerlichen gibt, geht nicht nur zurück auf die Sehnsucht nach der ländlichen Welt seiner Kindheit, sondern beruht wohl auf dem von Kerényi[3] bereits für die römische Literatur festgestellten Streben nach einem primitiven und einfachen Leben aus Reaktion gegen das «etruskische», städtische und zivilisatorische Element in der römischen Lebensweise, das Pavese auch in Horazens Epistel an Augustus mit ihrer Gegenüberstellung von «rus» und «ars» nachweist (Tg. 7. 11. 1944). Während Pavese offiziell immer die Reife, die Stadt und Zivilisation als die Zielpunkte seines Strebens und Wollens proklamierte, fühlte er sich in Wirklichkeit immer instinktiv zur Welt der Kindheit, des Ursprünglichen und des Prähistorischen hingezogen. Die Äußerungen Paveses über sein Verhältnis zur Zivilisation stehen oft in klarem Widerspruch zu seinem Schaffen und zu seinem persönlichen Verhalten. Nicht ganz zu Unrecht wurde daher gegen ihn der Vorwurf erhoben, er gehöre zu den Dekadenten dieses Jahrhunderts oder er bilde gar den Endpunkt und Schlußstein der italienischen Dekadenz.[4] Freilich, für die italienische Literaturkritik bedeutet «Dekadenz» zugleich Anschluß an die europäische Literatur, «Entprovinzialisierung», Aufnahme der dekadenten Strömungen, die in Italien mit den «Scapigliati» der Lombardei und des Piemont einsetzten und zu D'Annunzio und Futurismus führten.[5] Pavese, der politisch gesehen in so offenem Gegensatz zu der

---

[2] Über Paveses Verhältnis zu Vico vgl. den klugen Aufsatz von E. N. Girardi über Pavese (Estratto della rivista «Vita e Pensiero», April/Sept. 1951).

[3] Apollon, a. a. O., S. 204.

[4] So Carlo Salinari im «Contemporaneo» vom 1. 10. 1955.

[5] Adriano Seroni unterstreicht in seiner Introduzione a Pavese (Leggere e sperimentare, Florenz 1957, S. 132—142) die Tatsache, daß Pavese in einer

d'annunzianisch-faschistischen Lebenshaltung stand, wird also ungeachtet dieser Tatsache in die Nähe des abruzzesischen Dichters gerückt. Mehrere Tagebuchstellen weisen denn auch darauf hin, daß sich der Piemontese durchaus darüber im klaren war, welch einschneidendes Bildungserlebnis die Begegnung mit dem Werk D'Annunzios darstellte:

«Deine Klassizität: die Georgica, D'Annunzio, der Pinien-Hügel. Hier hat sich Amerika aufgepfropft als ländlich-universelle Ausdrucksweise (Anderson, An Ohio Pagan), und die Schranke (das Campo di grano)[6], die Begegnung von Stadt und Land ist. Dein Klassizismus ist ein ländlicher, der leicht frühgeschichtliche Ethnographie wird.»

(Tg. 3. 6. 1943)

«Ländlicher Klassizismus, der leicht frühgeschichtliche Ethnographie wird», war Paveses ständige Gefahr: er versuchte eine Wirklichkeit, die dem ethnologisch-vorgeschichtlichen Stadium längst entwachsen war, in möglichst enge Beziehung zu den alten Mythen zu setzen. Von hier aus läßt sich allerdings lediglich der Realist Pavese kritisieren und nicht der Dichter, dessen Welt ja nicht mit der technisch-wissenschaftlichen des 20. Jahrhunderts identisch zu sein braucht. Bildungserlebnisse bedeuteten für Pavese eben mehr als beispielsweise seine Zugehörigkeit zur kommunistischen Partei. Pavese ist wie Melville ein belesener Dichter, für den auch die Lektüre ein Teil der eigenen Erlebniswelt ist. So erwähnt der Dichter etwa «die astronomische Manie der Sterne, die eine Manie der schönen Namen war» und sich zugleich mit dem ersten klassischen Lesestoff (Georgica) und D'Annunzio (Maja) verband (Tg. 30. 6. 1943). In recht kennzeichnender Weise führt Pavese diesen Gedanken dann weiter aus: «Nicht nur schöne Namen. Die Sterne waren vor allem mythisch-ländliche Einheiten, die die Neigung zum Frühgeschichtlichen vorbereiteten» (Tg. 4. 7. 1943).

Der literarische Kosmos von Pavese ist also von allem Anfang an eine ländliche Welt. Die Städte sind bei ihm nicht etwa der rettende Damm vor dem Ansturm der Natur wie in Sartres «La nausée»[7], sondern würgende Spinnenarme, welche die Vegetation und mit ihr den Bereich des Wilden, Ursprünglichen und Bäuerlichen überwuchern:

---

«Epoche irrationalistischer Versuchungen» groß wurde und sich nie davon zu lösen vermochte. Der Marxist Seroni beanstandet an dem Kommunisten Pavese «die Liebeleien mit verschiedenen Philosophien», auf welche «jene kennzeichnende Verwirrung» zurückgeht, «die manchmal weites Interesse und umfassendes Nachforschen scheint, aber in Wirklichkeit unter sich die Leere und mit der Leere die Krise vermuten läßt.»

[6] Pavese bezieht sich auf eine Erzählung in «Notte di festa», S. 213—231.

[7] Je la vois, moi, cette nature, je la vois ... Je sais que sa soumission est paresse, je sais qu'elle n'a pas de lois: ... Elle n'a que des habitudes et elle peut en changer demain (Taschenbuchausgabe Gallimard, S. 223).

«Was soll man sagen, wenn eines Tages die natürlichen Dinge — Quellen, Wälder, Weinberge, Land — von der Stadt werden aufgesogen und verschwunden sein, und man ihnen nur in alten Redeweisen begegnen wird? Sie werden auf uns wirken wie die Theoi, die Nymphen, das Naturheiligtum, das aus manchem griechischen Vers emportaucht. Dann wird uns der einfache Satz 'da war eine Quelle' bewegen» (Tg. 15. 10. 1945).

Von diesem Zitat ausgehend könnte man Pavese wohl eher den letzten Dichter der georgischen Tradition in der italienischen Literatur nennen als den letzten Dekadenten. Er ist ein ländlicher Dichter, der sich durch die Berührung mit der Stadt seines Ursprungs bewußt wird.

In einer Tagebucheintragung vom 17. 9. 1943 entwarf Pavese den dann in «Feria d'agosto» veröffentlichten Aufsatz «Del mito, del simbolo e d'altro». Mythos ist für den Dichter «eine Norm, das Schema eines ein für allemal Geschehenen»; er bezieht seinen Wert «aus dieser absoluten Einzigartigkeit, die ihn über die Zeit erhebt und zur Offenbarung weiht».[8] Pavese gibt schließlich ein typisches Beispiel für ein mythisches Geschehen: «Ein Mann, der eines Tags — wer weiß wann — auf deinen Hügeln erschienen wäre, Weiden verlangt und einen Korb geflochten hätte und dann verschwunden wäre, wäre der unverfälschte und einfachste Zivilisationsheros. Mythisch wäre diese Offenbarung einer Kunst selbstverständlich nur, wenn diese Geste von absoluter Einzigartigkeit wäre, keine Gegenwart und keine Vergangenheit hätte, sondern sich zu einer heiligen Ewigkeit erhöbe, die jedem Korbflechter Vorbild wäre. Und von allen Tennen wäre die Tenne, in die er sich setzte, Heiligtum; aber dies erscheint bereits als eine spätere, materialistischere, d. h. naturalistischere Auffassung. Unverfälscht mythisch ist ein Ereignis, das sich sowohl außerhalb des Raums wie außerhalb der Zeit vollzieht... Die materielle Einzigartigkeit des Orts (das Heiligtum) ist ein Zugeständnis an die matter-of-factness des Gläubigen, vor allem aber an seine Phantasie, die immer eines körperlichen Ausdrucks bedarf, immer eher dichterisch als mythisch ist.»[9]

Für Pavese ist schließlich (im Gegensatz zu Leopardi) die Welt des Kindes nicht die Welt der Poesie, sondern die Welt des Mythos: das Kind ist sich nicht bewußt, in einer mythischen Welt zu leben, während die Dichtung bereits ein in die Klarheit des Bewußtseins gehobener Mythos ist. Im Kindesalter leben wir unbewußt, daher sehen wir die Dinge nie beim ersten Mal, sondern immer erst beim zweiten Mal. Pavese erkennt jedem einzelnen Menschen eine persönliche Mythologie

---

[8] Feria d'agosto, 3. Auflage, Turin 1955, S. 211.

[9] Ebenda, S. 211 f.

zu, die ihren Ursprung in der Kindheit hat, und diesem «temps retrouvé» mangelt nicht einmal die Wiederholbarkeit, denn er ist vergleichbar mit dem Fest, das den Mythos feiert und ihn zugleich begründet, als wäre es jedes Mal das erste Mal.[10] In einem «L'adolescenza» betitelten Aufsatz kommt Pavese näher auf sein Verhältnis zu Proust zu sprechen. Im Gegensatz zu dem französischen Romancier ist er der Ansicht, man solle «nicht so sehr den Fluß der Erinnerung hinaufsteigen als sich vielmehr mit Selbstverleugnung in den instinktiven Zustand oder in das davon Verbliebene versetzen. Womit gesagt sein soll, daß die Art Prousts, sich der unerwarteten Empfindung anzuvertrauen, nicht genügt. Sie genügt nicht, weil die Empfindung, auch in rohem Zustand, insofern sie Erinnerung ist, keineswegs von eigenwilligen Geschmackstönungen frei ist; sie genügt nicht, weil die Schwierigkeit nicht darin besteht, die Vergangenheit hinaufzusteigen, sondern darin, auf ihr zu verweilen; sie genügt endlich nicht, weil wir mit instinktivem Zustand jenen eindeutigen Stempel verstehen, der auf unsere ganze innere Wirklichkeit Einfluß hat. Und um jenen Zustand wiederzufinden, ist nicht so sehr eine Anstrengung des Gedächtnisses erforderlich als ein Schürfen in der augenblicklichen Wirklichkeit und Enthüllung des eigenen Wesens. Wenn wir den Grund unseres Wesens deutlich erblickt haben, so haben wir damit auch das berührt, was wir als Kinder waren.»[11]

Die unbewußten und passiven Erlebnisse der Kindheit bestimmen also unsere ganze Existenz: Umkreisen der eigenen Vergangenheit ist gleichbedeutend mit der Erschließung unseres Wesensgrunds, denn «unsere Kindheit ist nicht das, was wir waren, sondern das, was wir von jeher sind».[11] Sich-Erinnern bedeutet nicht Bewegung in der Zeit, sondern Austritt aus der Zeit, und Entdeckung des Schatzes, um den wir nicht wußten.[12] Es handelt sich also darum, jene Tage in unserer Vergangenheit aufzuspüren, die den Kern unserer ganzen Persönlichkeit keimhaft enthalten: «In ihnen begegneten wir unserer Wirklichkeit, die am wenigsten unter dem Einfluß und unter dem Bann der Kultur steht und die unter allen künftigen Offenbarungen unverwechselbar das Gepräge des Instinkts bewahren wird.»[13] Freilich, auch die Begegnung der instinkthaften Veranlagung mit der Kultur fordert eine persönliche Entscheidung heraus, es handelt sich dabei um eine «Frage des Geschmacks»,

[10] Ebenda, S. 214. — Damit wird auch deutlich, warum Stefano im «Carcere» der Zugang zu seiner Umgebung verschlossen blieb: er war buchstäblich entwurzelt, wo ihm kein Zugang zu den «heiligen» Orten der Kindheit offen stand.

[11] Feria d'agosto, a. a. O., S. 229 f.

[12] Ebenda, S. 226.

[13] Ebenda, S. 228.

«aktiven Geschmacks» und «die Antwort unseres Instinkts auf die Anreize der Kultur».[14]

Pavese weiß sich in dieser Überzeugung mit den größten Dichtern verbunden, die durch ihre Begegnung mit vergangenen Kulturen diese zu neuem Leben erweckten: so wurde für Foscolo die Insel Zacinto und die griechische Meerlandschaft («... Ivi, fanciullo, / la deità di Venere adorai».) das entscheidende Bildungserlebnis: «Die zufällige Tatsache der Geburt in Griechenland wird Sauerteig für eine bereits eingetrocknete Welt von Büchern.»[15] Griechenland kommt dabei für Foscolo die Bedeutung jenes mythischen Ortes der Kindheit zu, welche im Schaffen Paveses das Hügelland des Monferrato einnimmt. In dieser Sphäre, «der Sphäre des Seins und der Extase»[16] existieren weder Raum noch Zeit. In ihr rühren wir an die «Ewigkeit im Augenblick» (istante-eternità, Tg. 22. 5. 1944), der die «luoghi unici», die einzigartigen, heiligen und mythischen Orte entsprechen. Pavese berührt sich dabei mit modernster religionswissenschaftlicher Forschung. Sein mythischer Zeitbegriff entspricht weitgehend der von Mircea Eliade besonders eindringlich definierten «heiligen Zeit», die nicht abläuft, «weil sie aus einer unendlich oft erreichbaren ‚ewigen Gegenwart' besteht».[17] Paveses «luoghi unici» sind eben die «heiligen Stätten» eines «privaten Universums», an denen auch dem unreligiösen Menschen eine Realität offenbar wird, «die anderer Art ist als die Realität seiner Alltagsexistenz».[18]

Paveses Verhältnis zu den Mythen seiner Kindheit entspricht seinem Verhältnis zum Land: wie der Mensch durch Zivilisation und Verstädterung die Natur immer mehr bändigt und zurückdrängt, so sollen die Mythen im Lichte der Vernunft immer mehr geklärt und schließlich zerstört werden: «Das Leben jedes Künstlers und jedes Menschen ist wie das der Völker eine ununterbrochene Anstrengung zur Klärung der eigenen Mythen.»[19] Aber dann verwickelt sich der sonst so folgerichtige Dichter in Widersprüche. Der Gedanke an eine völlige Zerstörung der mythischen Welt erschreckt ihn offensichtlich, so daß er mit einer dem Problem ausweichenden «astuzia» über diesen entscheidenden Punkt hinweggleitet: «Nur was nach dieser Anstrengung bleiben wird (und etwas muß wohl immer bleiben, wenn der Geist wirklich unerschöpflich ist), wird den Wert eines Lebensquells behalten können.»[20] Pavese

---

[14] Ebenda, S. 224.
[15] Ebenda, S. 229.
[16] Ebenda, S. 220.
[17] Mircea Eliade: Das Heilige und das Profane, rde, Hamburg 1957, S. 52.
[18] Ebenda, S. 15.
[19] Feria d'agosto, a. a. O., S. 215.
[20] Ebenda, S. 215.

sucht mit dieser spitzfindigen Formulierung über das Grundproblem seiner Poetik hinwegzusehen: die Gefahr eines völligen Verbrauchs der eigenen Substanz, eines gänzlichen Abbaus des eigenen Monoliths.

Der irrationale Ausgangspunkt von Paveses Dichtung war der dunkle Schicksalsgrund, von dem nicht nur seine künstlerische, sondern auch seine menschliche Existenz abhing, war er doch «nicht nur der Brennpunkt seiner Poesie, sondern seines ganzen Lebens».[21] Im Widerspruch zu dem Vorausgehenden stellt er dann fest: «Je fähiger und stärker es ist (cfr. das mythische Urbild), um so umfassender und lebenskräftiger ist die Poesie, die daraus entspringt. Aber es erübrigt sich, zu bemerken, daß die Poesie erlischt, sobald sich der Schöpfer kritisch erfaßt hat und sie weiterhin ausbeutet.»[21]

Paveses ganze dichterische und menschliche Existenz beruhte daher auf einer ausweglosen Situation: Poesie ist seiner Meinung nach nur möglich, wo der Dichter das Risiko auf sich nimmt, den Quell der Inspiration auch auf die Gefahr seines Versiegens hin in Anspruch zu nehmen. Wie der Protagonist von Balzacs «Peau de Chagrin» nur auf die Gefahr hin zu leben vermag, daß er die Lebenssubstanz aufzehrt, so vermag der Künstler bei Pavese nur zu schaffen, wenn er den ihm von der Kindheit überkommenen Schatz an Symbolen und Urbildern verschwendet. Hier wie dort steht das unerbittliche Ende.

Paveses ständiges Umkreisen seiner Mythen, seine Auffassung von einem mythischen Raum und einer mythischen Zeit, erhellen auch seine Stellung im Rahmen der Literatur des zwanzigsten Jahrhunderts. Sein Weg zum Mythos war eine Flucht aus der Geschichte, aus der «historischen Gegenwart».[22] Der Dichter wurde dadurch auf sich selbst zurückgeworfen, und das Ans-Licht-Fördern der eigenen Mythen war eine — wenn auch ästhetisch gerechtfertigte Form der Selbstzerstörung. Wenn Mircea Eliade das Hauptkennzeichen des religiösen Menschen darin erblickt, daß er vom Mythos der ewigen Wiederkehr gelähmt wird,[23] so erscheint uns Paveses Rückzug in die Welt einer mythisch verstandenen Kindheit als «Angst vor dem Risiko», als «ein Ablehnen der Verantwortung für eine echte historische Existenz» und als «das Heimweh nach einem Zustand, der als ‚paradiesisch' empfunden wird, gerade weil er noch embryonal ist».[23] In seinem kurzen Aufsatz «Mal di mestiere»[24] bezeichnet der Dichter in der Tat seine geradezu wollüstige Hingabe an den Sog des Ursprünglichen «als Sünde wie Liederlichkeit, Sadismus und Trunksucht».[25]

---

[21] Ebenda, S. 216.
[22] M. Eliade: Das Heilige und das Profane, a. a. O., S. 41.
[23] Ebenda, S. 54.
[24] Feria d'agosto, a. a. O., S. 235—238.
[25] Ebenda, S. 235.

Andererseits ist jedoch Paveses Sehnsucht nach der heiligen Zeit des Ursprungs auch ein Zeichen für seine «ontologische Besessenheit»[26] und für sein «Heimweh nach dem Sein»,[26] denn sein Verhältnis zur Welt «in illo tempore» war gebrochen durch seine Zugehörigkeit zur historischen Welt des zwanzigsten Jahrhunderts, die mit ihren Forderungen an ihn herantrat. Er selbst war sich dieser Spannung wohl bewußt, wenn er dem ersten Entwurf des Aufsatzes «Del mito, del simbolo e dell'altro» die skeptische Bemerkung anschloß: «Ist dies genug, den religiösen Schauer zu ersetzen?» (Tg. 17. 9. 1943).

Pavese war ein religiöser Mensch ohne Religion, und so wurde die für den Dichter so entscheidende Rückkehr in die Welt der Mythen für den Menschen zu einer Versuchung, zu einer tour d'ivoire, in der sich der Antifaschist und Kommunist nicht wohlfühlen konnte. Der Kreislauf der mythischen Feste mußte für Pavese schließlich zu einem fürchterlichen Leerlauf werden, da die ihres religiösen Gehaltes beraubte Wiederholung notwendig zu einer pessimistischen Existenzansicht führt: «Die zyklische Zeit, die nicht länger ein Weg zurück zu einer Situation des Anfangs. zur geheimnisvollen Gegenwart der Götter ist, die desakralisierte zyklische Zeit, erhält einen schrecklichen Aspekt: sie wird zum Kreis, der sich unentwegt um sich selbst dreht, sich ewig wiederholt».[27]

In seltenen Augenblicken der Heiterkeit gelangte Pavese allerdings zu einer beglückenden Synthese von zyklischer und historischer Zeit:

«Der Duft des ersten nächtlichen Regens, unter dem klaren Himmel. Offene Jahreszeit, Wiederkehr.

Im Leben gibt es keine Wiederkehr. Schönheit dieses unharmonischen Rhythmus — über der periodischen Wiederkehr der Jahreszeiten das Fortschreiten der Jahre, die ein gleiches Thema in anderer Art tönen — Maß und Erfindung, Beständigkeit und Entdeckung — das Lebensalter ist Anhäufung gleicher Dinge, die immer reicher und immer gründlicher wird.» (Tg. 30. 3. 1948)

Die Prosastücke und Erzählungen der Sammlung «Feria d'agosto» sind die systematische Anwendung der von Pavese im Lauf der Jahre erschlossener Poetik. Kennzeichnend sind daher bereits die Titel, die sich auf mythische Orte oder mythische Zeitpunkte beziehen: «La Langa», «Das Meer», «Die Totenwiese», «Die Stadt», «Die Häuser», «Ende August», «Die Zeit», «Der Sommer», «Die Feste» usw. Nur wenige der Prosatexte runden sich bereits zu größeren Erzählungen: aus der Perspektive des Gesamtwerks nehmen sie sich aus wie erste Entwürfe zu den späteren Romanen, in denen sich die hier angeschlagenen

[26] Mircea Eliade: Das Heilige und das Profane, a. a. O., S. 55.
[27] Ebenda, S. 64.

Motive bis in Einzelheiten nachweisen lassen. Neue Motive und Symbole bringt Pavese nach «Feria d'agosto» und den «Gesprächen mit Leuko» kaum mehr: die Leistung seiner letzten Lebensjahre beruht auf der formgerechten Bewältigung und Orchestrierung der in langer Schürfarbeit erschlossenen dichterischen Welt.

Bezeichnenderweise beschäftigte sich der Dichter gerade zur Zeit der Niederschrift von «Feria d'agosto» mit der deutschen Romantik und ganz besonders mit Ironie und Traum. Da Pavese nur über geringe deutsche Sprachkenntnisse verfügte, las er die deutschen Romantiker wohl nur in Übersetzungen (seine Freundschaft mit dem Germanisten Giaime Pintor darf in diesem Zusammenhang nicht übersehen werden). An kritischen Werken zitierte er im Tagebuch A. Béguins «L'âme romantique et le rêve» und Oskar Walzels ins Italienische übersetzte Romantik-Buch.[28] Pavese berührt sich in mehr als einer Hinsicht mit der deutschen Romantik und vor allem mit Novalis-Klingsohrs Forderungen an den Dichter. Gegen Mornet polemisierend, stellt er etwa fest, der Franzose verwechsle Phantasie (fantasia) mit Phantasterei (fantasticheria): «Die Phantasie ist nicht der Gegensatz zur Intelligenz. Die Phantasie ist die Intelligenz, die angewandt wird. ...» (Tg. 10. 7. 1942).

Für Pavese sind also Phantasie und Intellekt nicht trennbar; wie Klingsohr betrachtet er die Poesie als «strenge Kunst», als «Gewandtheit im Nachdenken und Betrachten und Geschicklichkeit, alle seine Fähigkeiten in eine gegenseitig belebende Tätigkeit zu versetzen und darin zu erhalten». Nicht der «Stoff» ist der «Zweck der Kunst», sondern die «Ausführung.»[29]

Klingsohrs Geschicklichkeit, alle seine Fähigkeiten in eine gegenseitig belebende Tätigkeit zu versetzen, hat eine Entsprechung in Paveses Auffassung der Ironie, die «unter und in den Bildern ein weites Feld intellektuellen Spiels» entdeckt, eine vibrierende Atmosphäre aus Phantasie und Vernunft stammender Anlagen, die aus den dargestellten Dingen ebensoviele Symbole einer bedeutungsvollen Wirklichkeit macht. Das wesentliche Element der Ironie ist für Pavese nicht der Scherz, das Entscheidende ist vielmehr, «die Bilder nach einer Norm zu bauen, die sie bezwingt oder sie beherrscht» (Tg. 26. 2. 1942).

Pavese begnügt sich aber nicht mit einer lediglich «ironischen» Bändigung der dichterischen Materie, er ist überzeugt davon, daß seine Erzählungen nur dann gelingen, wenn sie Geschichten eines Betrachters

---

[28] Im Anschluß an die ital. Ausgabe der Tagebücher übernahm auch Ch. Birnbaum «Walzels»: Walzels Romantik-Buch erschien bereits 1923 in Florenz in der Übersetzung von V. Santoli.

[29] Novalis: Werke II (Ausgabe H. Friedemann), S. 136 passim.

sind, «der beobachtet, wie Dinge geschehen, die größer sind als er» (21. 2. 1943). Dichten ist also einerseits die virtuose Fähigkeit, das Leben zu entlarven, «de nous prouver ainsi la superiorité de notre esprit» (Béguin, zitiert im Tagebuch, 22. 5. 1941), andererseits bleibt jedoch der Schöpfer immer wieder gebannt von seiner Schöpfung, da sie ihn selbst transzendiert. Die Freude am Erzählen und am Zuhören geht ebenso darauf zurück, daß man sieht, wie sich Geschehnisse nach einem «graphischen Plane» ordnen, wie auf die Tatsache, daß Erzählen auch «ein die Zeit Mythologisieren, ein ihr Entfliehen» bedeutet (Tg. 12. 4. 1941).

Im engsten Zusammenhang damit steht Paveses Interesse an Träumen, die er besonders in ihrem strukturellen Aufbau untersucht. So bemerkt er in einem am 14. 2. 1941 aufgezeichneten Traum «das Zusammenwachsen eines einzigen Geschehnisses, eines Zustandes, der erst in embryonaler Form aufblitzt und dann, man könnte sagen, einen reicheren und angemesseneren Ausdruck findet». Selbst die Handlung im Traum wäre dann also das Ergebnis dieses langsam fortschreitenden Prozesses, in dessen Verlauf sich die Traumstruktur immer klarer herauskristallisiert: «Das scheinbare Sich-Entwickeln von Tätigkeit im Traume würde herstammen aus der Aufeinanderfolge der unbewußten Versuche, die darauf gerichtet sind, die Erscheinung immer besser zu bestimmen».

Traum und Erzählung sind mit ihrer planmäßigen Struktur also identisch. «Zum Beispiel: Beim Laufen verliert ihr im Traum einen Schuh. Ihr glaubt, es geschehe aus Zufall, aber das stimmt nicht. Nach merkwürdigen Abenteuern, über denen ihr euren unbeschuhten Fuß ganz vergessen habt, geschieht es, daß ihr mitten an einer reichbesetzten Tafel, der ihr euch mit angehaltenem Atem nähert, euren Schuh ohne Schnürsenkel findet, da man absolut nicht an ihnen lutschen darf. Der Kameramann, der den Traum ablaufen läßt — ihr selbst werdet ihr sagen — hat euch den Schuh verlieren lassen, hat ihn in Reserve behalten, wie das ein Erzähler mit einer guten Einzelheit tut, und da tischt er ihn euch nun auf, wenn ihr nicht mehr daran denkt.»[30]

Im Traum sind also Regisseur und Zuschauer identisch, der Träumende ist — wenigstens scheinbar — vollkommen der Willkür des geheimnisvollen Kameramanns ausgeliefert. Es ist naheliegend, daß sich auch bei einem dichterischen Schaffensprozeß ein ähnlicher Vorgang abspielt: der Dichter kann zwar den Schöpfer in sich überwachen und lenken, aber im letzten wirkt auch er im Dunkeln wie der geheimnisvolle Kameramann im Traum.

Paveses Interesse an den Träumen erschöpfte sich nicht an dieser technischen Seite. Fragte er sich doch, ob es nicht wirklich eine existente

[30] Feria d'agosto, a. a. O.: Vocazione, S. 157/58.

Welt sei, «die wir jedesmal, wenn wir schlafen, betreten (und die Träume erwarten uns in den verschiedenen Tiefen, wir schaffen sie nicht)» (Tg. 27. 12. 39). Träumen bedeutet also dann geradezu eine Art Seelenwanderung, Vorstoß in eine objektiv vorhandene Daseinsschicht, und das Unterbewußte böte dann geradezu die Möglichkeit, mit dem Absoluten in Verbindung zu treten. Für Pavese war dieser Gedanke zu verlockend, als daß er ihn nicht nachhaltig umkreist hätte: «Die einfache Vermutung, daß das Unterbewußtsein Gott ist — daß Gott lebt und spricht in unserem Unterbewußtsein, hat dich erhoben» (Tg. 28. 12. 1944).[31]

Von hier aus gesehen ist also Paveses Verhältnis zum Traum geradezu identisch mit seiner Stellung zum Mythos. Er erschauert — trotz gegenteiliger Versicherungen — vor dem Geheimnisvollen des mythischen Seelenbereichs, er ist nicht wie Freud «Wegbereiter eines künftiggen Humanismus, den wir ahnen, und der durch vieles hindurchgegangen sein wird, von dem frühere Humanismen nichts wußten — eines Humanismus, der zu den Mächten der Unterwelt des Unbewußten, des ‚Es' in einem keckeren freieren und heitereren, einem kunstreiferen Verhältnis stehen wird, als es einem in neurotischer Angst und zugehörigem Haß sich mühenden Menschentum heute vergönnt ist».[32]

Pavese steht im Gegensatz zu Freud und Thomas Mann der Zone des Unterbewußten mit Schaudern gegenüber wie die beiden Jungen in der kurzen Erzählung «Der Name», welche «Feria d'agosto» eröffnet. Sie ziehen aus wie mythische Helden, um die Schlange hervorzulocken und auf ihren Gabelstöcken aufzuspießen, bis plötzlich einer von der Mutter bei Namen gerufen wird, so daß die Schlange nun weiß, wer ihre Feinde sind: «Pale packte mich plötzlich am Gelenk und schrie: ‚hau ab!' Es war ein ununterbrochener Lauf bis zur Ebene. ‚Die Schlange', riefen wir uns gegenseitig zu, um uns anzufeuern, aber unsere Angst — wenigstens meine — war etwas viel Umfassenderes, das Gefühl, die Mächte, was weiß ich, der Luft und der Felsen beleidigt zu haben«.[33]

An dieser Stelle wird besonders deutlich, daß Pavese jene vorurteilslose Keckheit fehlt, welche Thomas Mann als den kennzeichnenden Zug in Freuds Humanismus hervorhebt, denn der Dichter ist sich immer bewußt: «Die Schlange will diejenigen umbringen, die sie suchen»[34]

---

[31] Ch. Birnbaum übernimmt in ihre Übersetzung den ital. Konjunktiv.

[32] Thomas Mann: Freud und die Zukunft (Adel des Geistes, Frankfurt/M. 1955, S. 521.

[33] Feria d'agosto, a. a. O., S. 14.

[34] Ebenda, S. 15.

Selbst der Schlaf wird daher zum Ausflug in jene terra incognita, die Pavese nicht psychoanalytisch zu zerlegen wagt. So haben die Gefangenen der Erzählung «Träume im Lager» jeden Morgen Mühe, sich wieder in ihrer Wirklichkeit zurechtzufinden: «Es kam vor, daß wir am Morgen allmählich ohne einen Stoß erwachten, so wie ein Boot sich dem Ufer nähert; und man stieg aus und sah sich betäubt um, ein wenig überrascht, fast als ob jene ewigen Baracken zwar die gleichen seien, aber unsere im schwarzen Meer des Traumes gewaschenen Augen sie nicht gleich erkennen würden».[35]

Hier sind die Grenzen zwischen dem Hier und Dort verwischt: die Rückkehr aus dem Reich der Träume erscheint wie ein Zugeständnis an eine unabänderliche Gesetzmäßigkeit des Daseins, aber das Boot-Symbol deutet an, daß der Zugang zu jenem anderen Sein immer offen ist.

Eine ganze Reihe von Texten in «Feria d'agosto» hat die Reinheit von Gedichten in Prosa, ja an einigen Stellen kehrt spontan der Rhythmus von «Lavorare stanca» wieder, welcher der dichterischen Aussage Maß und Norm gibt.[36] Mitunter wird der Stil Paveses allerdings schon nahezu Manierismus, und einige Abschnitte erscheinen als allzu wörtliche Anwendungen der eigenen Poetik, die darauf abzielt, die Grenzen des alltäglichen Raums und der Kalenderzeit systematisch zu verwischen. Ein typischer Auftakt ist zum Beispiel das biblische «in illo tempore» (a quei tempi) oder die unmittelbare Einführung eines mythisch verstandenen Orts: «Per questa strada passava mio padre».[37]

Besonders deutlich läßt sich das Gesagte an dem ersten Abschnitt der bereits zitierten Erzählung «Der Name» belegen: «Wer in jenen Tagen meine Kameraden waren, habe ich nicht in Erinnerung. In einem Haus des Dorfes, wie mir scheinen will uns gegenüber, lebten Jungen in Hemdsärmeln — zwei — vielleicht Brüder. Einer hieß Pale, das heißt Pasquale, und es kann sein, daß ich seinen Namen dem anderen zuschreibe. Aber es gab so viele Jungen, die ich hier und dort kannte.»[38]

Hierauf beginnt die eigentliche Geschichte mit der demonstrativen Form «dieser Pale», als ob er nicht eben so weit wie möglich seiner bürgerlichen Existenz beraubt worden wäre, da er sich jeder näheren Bestimmung entzog. Pale ist eine Gestalt aus «jenen Tagen»: dieser

---

[35] Sogni al campo: Feria d'agosto, S. 131—134; S. 131 f.

[36] E. N. Girardi (a. a. O., S. 18) weist dieses rhythmische Schema etwa in «Nudismo» (Feria d'agosto, S. 239—249) nach: «Un fresco diverso comincia a vestire la conca/ e il fortore di mota e di morte si avviva./ Ora posso sentirlo come sento il mio corpo,/ che è più grande e più nudo. E non viene nessuno/... Non c'è ormai più difesa tra me e la campagna».

[37] Auftakt zu «Storia segreta», Feria d'agosto, a. a. O., S. 259—283.

[38] Feria d'agosto, a. a. O., S. 11.

mythischen Zeitlosigkeit entspricht die Tatsache, daß es schlechthin nicht gelingt, den Standort des Kameraden topographisch festzulegen, denn alle herangezogenen Daten führen nur dazu, Pales eigentliche Stellung gänzlich zu verwischen und zu zeigen, daß er innerhalb des üblichen Raums nicht angesiedelt werden kann.

Um mythischen Raum und mythische Zeit kreist auch die «Storia segreta»,[39] die Pavese im Tagebuch erwähnt:

«Zwei Arten von wild hast du bisher behandelt. In Nudismo[40] das Wilde des Erwachsenen, das jungfräuliche Land, das, was das Werk des Menschen bislang noch nicht berührt hat (und hier wird stillschweigend angenommen, daß ein Werk, irgendein beliebiger Ritus genügt, um die Natur zu rechtfertigen). In Storia segreta das Wilde des Knaben, das, was fern ist, irgendwie unerreichbar, auch und umso mehr, wenn es stattdessen ein anderer erlangt oder erlangt hat. (In beiden Fällen ist es das, was uns fehlt, ‚das, was wir nicht wissen'.)» (Tg. 2. 9. 1944)

In der «Storia segreta» berichtet der Erzähler, wie Sandiana, die zweite Frau seines Vaters, den Horizont mit mythischen Gestalten bevölkert: «Ich dachte an jene Zeiten, als die Brüder Sandianas in den Wäldern herumschweiften. Der Wald war schwarz, tief, auf der anderen Seite des Hügels».[41] Vor unseren Augen entsteht Paveses mythische Landschaft, die er etwa in dem folgenden Beispiel durch die nachgestellten Adjektivbestimmungen mit einer immer stärkeren symbolischen Ladung versieht: «Andavamo sovente su quella collina e di là si vedevano i pini, neri dietro la casa, alti in mezzo alle vigne come campanili, pieni d'uccelli che volavano».[42] Das umheimliche «schwarz», das entrückende «hoch» nehmen auch dem folgenden «voll fliegender Vögel» jeden idyllischen Anklang.

Kindheit ist für den Erzähler gleichbedeutend mit dieser Umgebung, die langen Monate auf der Schule in der Stadt bleiben ohne Belang, so daß es ihm scheint, nur im Sommer Knabe gewesen zu sein: «Jedes Jahr war der Sommer wie damals, als ich noch nicht fortgegangen war, es war ein einziger Sommer, der ununterbrochen währte».[43] Räumlicher Mittelpunkt ist die Madonna delle Rovere, «das Heiligtum

---

[39] s. Anmerkung 37.

[40] Feria d'agosto, a. a. O., S. 239—249. — Das hier angeschlagene Motiv findet sich u. a. in «Donne appassionate» (Lavorare stanca, S. 48 f.): Ormai l'acqua e il sole mi han tornito e velato, e anche in questo mi par di capire che la natura non sopporta il nudo umano e con tutti i suoi mezzi si sforza, come fa coi cadaveri, di appropriarselo (S. 240).

[41] Storia segreta, a. a. O., S. 263.

[42] Ebenda, S. 263.

[43] Ebenda, S. 265.

der verborgenen und fernen Dinge, die bestehen müssen».[44] Allerdings dringt auch in diese abgelegenen Zonen Städtisches ein, denn «die Geranien, die Sandiana auf dem Fensterbrett hatte, schienen mir wirklich Stadt zu sein».[45] Sie sind wie letzte Ausläufer exotischer Gärten, die den Blick «auf einen Hintergrund von Orten am Meer öffneten».[46] Durch dieses Nebeneinanderbestehen von «Wildem» und «Städtisch-Exotischem» entsteht jene für Paveses Werk so kennzeichnende Offenheit und Schichtung des Horizonts, die ihn als Gegenpol zu Alberto Moravia erscheinen läßt.[47]

«Stadt auf dem Land» ist auch das Thema der Erzählung «Primo amore»[48], die in der ersten Person von der Liebe eines Halbwüchsigen zu der blonden und eleganten Schwester eines im Sommer auf dem Land lebenden Jungen berichtet. Eines Tages entdecken die Jungen des Dorfes jedoch das Mädchen mit ihrem Geliebten in einer abgelegenen Hütte: «Dann unterschied ich eine weiße ausgestreckte Gestalt, von der sich ein Mann mit einem roten Tuch um den Hals löste. Es war Bruno. Und die Frau war Clara und hatte im nackten Schoß einen goldenen Fleck. Das staubige Fenster bedeckte die Szene wie mit einem Nebel.»[49]

Diese kleine Szene wirft ein entscheidendes Licht auf Paveses Verhältnis zu den Frauen: er blieb im Grunde immer der Knabe, der von außen das Geheimnis eleganter und mondäner Erscheinungen zu erspähen suchte, und er versetzte sich wohl deshalb in einigen Romanen in die Perspektive der Frauen, um wenigstens in der Kunst an ihrem Schicksal, an ihren geheimsten Wünschen und Träumen teilhaben zu können.

Das neugierige, aber ängstliche Umkreisen sozial gehobener Gesellschaftsschichten ist auch das zentrale Motiv der Erzählung «La città»,[50] denn «wir vom Land sind nun einmal so: es gefällt uns, über den Zaun zu sehen, aber nicht, darüber hinwegzusteigen».[51] Die Berührung mit

---

[44] Ebenda, S. 271.

[45] Ebenda, S. 274.

[46] Ebenda, S. 282.

[47] Hierauf wies besonders D. Fernandez in seinem «Essai sur Albert Moravia» hin (Le roman italien, a. a. O., S. 11—138): pour Moravia en effet, les seuls sujets intéressants sont ceux qui peuvent être totalement fouillés et explorés; ce qui ne peut être integralement dit ne vaut pas la peine d' être dit; (S. 24).

[48] Feria d'agosto, a. a. O., S. 67—95.

[49] Ebenda, S. 93.

[49] Feria d'agosto, a. a. O., S. 166—181.

[50] Ebenda, S. 169.

[51] Ebenda, S. 172.

städtischer Vornehmheit erzeugt nur Unbehagen, so daß sich der Erzähler bei der ersten Begegnung mit der Hautevolee seiner «ländlichen Schwerfälligkeit»[51] zu schämen beginnt.

In Paveses nächstem Werk, den «Dialoghi con Leucò» wird der Gegensatz von Stadt und Land zum Gegensatz von Titanen und Olymp: dem Dichter gelang damit die Übertragung seiner Poetik in den Umkreis der Antike.

# THESEUS OHNE ARIADNE

## *Dialoghi con Leucò*

> Alle Kräfte der Phantasie und des apollinischen Traumes werden erst durch den Mythus aus ihrem wahllosen Herumschweifen gerettet. (Nietzsche: Geburt der Tragödie)
> Der Rhythmus hat etwas Zauberisches, sogar macht er uns glauben, das Erhabene gehöre uns an. (Goethe: Maximen und Reflexionen)

Paveses offene Hinwendung zu den Mythen der Antike kam einem klaren Verzicht auf die Thematik des Neorealismo gleich. Wie schon in anderem Zusammenhang erwähnt wurde, erblickte die linksorientierte Kritik nicht zuletzt deshalb in Pavese einen geistigen Nachkommen von Nietzsche, D'Annunzio und Lawrence, ohne sich allerdings sehr um eine Standortbestimmung des Dichters im Rahmen dieser «dekadenten» Literatur zu bemühen.[1] Der Dichter war sich dieses Vorwurfs (im Munde seiner Parteigenossen wurde es ein Vorwurf) wohl bewußt; bei der Beurteilung seiner offiziellen Äußerungen über den Mythos, die zum Teil in entschiedenem Kontrast zu seinen Tagebuchaufzeichnungen stehen, darf dieser polemische Hintergrund nicht übersehen werden. Kennzeichnenderweise findet sich daher neben der Ansicht, die Richtung des inneren Lebens sei eine einzige, «die unermüdliche Zerstörung der Mythen, die Rückführung jeder Unschlüssigkeit vom Staunen zur Klarheit»,[2] das im Tagebuch niedergelegte Bekenntnis: «Dein Problem ist also, dem Irrationalen seinen Wert zu geben. Dein dichterisches Problem ist, ihm seinen Wert zu geben, ohne ihm seinen Mythos zu nehmen». (7. 11. 1944)[3]

Diese Äußerung sollte nicht übersehen werden, wenn man nicht der Tatsache aus dem Weg gehen will, daß der Dichter, wenn er auch immer wieder gegen das drohende Geheimnis des Mythos anging, doch in wachsendem Maße dem Zauberbereich der labyrinthischen Mächte verfiel. Entscheidend ist dabei allerdings, daß er den Mut hatte, sein Schick-

---

[1] Besonders heftig griff Alberto Moravia Pavese deshalb im Corriere della Sera an (22. 12. 1954).

[2] Poesia e libertà: Lett. americana, a. a. O., S. 334.

[3] Der einzige Kritiker, der mit der nötigen Schärfe dieses ambivalente Verhältnis Paveses zum Mythos unterstrich ist (neben L. Bergel) Italo Calvino in seiner Prefazione zu «Letteratura americana e altri saggi», S. XXXI f.

sal entschlossen zu vollziehen, als er den rettenden Faden, der ihm den Rückweg ermöglichte, abgerissen sah.

Vom Dichterischen aus gesehen ist Paveses Niederlage den mythischen Mächten gegenüber ein Sieg, denn in seinen Dialogen gelang es ihm, das göttliche Sein der mythischen Welt neu aufleuchten zu lassen, und die Mythen für uns neu zu schaffen, statt sie zu zerstören, wenn man «zerstören» nicht als Vertiefen des Wissens um das Geheimnisvolle der Dinge verstehen will.

Das von Pavese so oft geforderte «zur Klarheit führen» der Mythen sollte wohl eher als ein «Verklären» verstanden werden, dann würden sich die Widersprüche in den Äußerungen des Dichters zu diesem Thema von selbst lösen. In dem bereits zitierten Artikel «Il mito» bringt Pavese übrigens selbst dieses Doppelwesen zum Ausdruck: «ein Mythos, der diesen Namen verdient, kann nur auf dem Boden der gesamten bestehenden Kultur erwachsen, er setzt diese Kultur voraus und betrachtet sie als erledigt, weist aber nach vorwärts, indem er die Gestalt eines geheimnisvollen und vielversprechenden Bildes annimmt, da es auch an der Sauerstoffflamme unserer bewußtesten Theorie nicht reduzierbar ist«.[4]

In der knappen Einleitung zu den 1945/46 entstandenen «Dialoghi con Leucò»[5] spricht der Dichter von «Offenbarung» und von «Staunen»: die Begegnung mit dem griechischen Mythos ist also kein rationaler Vorgang, sondern ein Erlebnis,[6] dessen Mitte die Erscheinung eines geheimnisvollen Neuen ist:

«Wir sind überzeugt, daß eine große Offenbarung nur aus dem hartnäckigen Beharren auf einer ebensolchen Schwierigkeit hervorgehen

---

[4] Lett. americana, a. a. O., S. 350.

[5] Dialoghi con Leucò, Turin 1947. Ich zitiere nach der vorzüglichen Übertragung von Catharina Gelpke («Gespräche mit Leuko, Hamburg 1958), zu der Alessandro Pellegrini einen einleitenden Essay beisteuerte: Mythos und Dichtung im Werk von Cesare Pavese, S. 7—26.

[6] Ernesto De Martino (Etnologia e cultura nazionale negli ultimi dieci anni, Società, Sept. 1953, S. 313—342) wendet sich mit besonderer Heftigkeit gegen den Erlebnischarakter, den bei Pavese (und Remo Cantoni) die Begegnung mit der Welt des Primitiven und dem Mythos annimmt: Ci siamo: è il «mistero dell'Erlebnis» che si intende salvare: ma allora, lo ripeto ancora una volta, mistero per mistero, tanto vale «sentir messa» (S. 337). — Von seinem rigoros marxistischen Standpunkt aus wirft sich De Martino vor, in seiner Eigenschaft als consolente esterno nicht rechtzeitig eingeschritten zu sein, als Pavese in seiner «Collezione di studi religiosi, etnologici e psicologici» fast durchweg Werke veröffentlichte, die der irrationalistischen Richtung angehörten: «tre (appartengono) a Frobenius e alla sua scuola (Frobenius, Vohlard, Jensen); tre a Kérényi e a opere infeudate alla psicanalisi del Freud e alla psicologia del profondo dello Jung (Reik, Jacobi); due a Lévy-Bruhl, una a Mircea Eliade; etc.» (S. 333 f.)

kann. Wir haben nichts gemein mit den Reisenden, den Experimentierern, den Abenteurern. Wir wissen, der sicherste — und rascheste — Weg zum Staunen ist der: unerschrocken immer den gleichen Gegenstand fest im Auge behalten. Auf einmal erscheint uns dann dieser Gegenstand — wunderbar — so, als hätten wir ihn niemals gesehen.»[7]

Dieses Aufleuchten des Gegenstandes führt zu dem absoluten Sein, dem zeitlosen Bereich der griechischen Götter, Heroen und Nymphen. In Paveses «Gesprächen mit Leuko» geht es allerdings nicht um die Entdeckung des Leiblich-Sinnlichen, das für das Griechenerlebnis so vieler Deutscher entscheidend war. Dem piemontesischen Dichter fehlt ganz jener metamorphosische Taumel, der etwa das von K. Kerényi seiner «Mythologie der Griechen» vorangestellte Bekenntnis Hofmannsthals im Chandos-Brief kennzeichnet:

«Ich entsinne mich dieses Planes. Es lag ihm, ich weiß nicht welche, sinnliche und geistige Lust zugrunde: Wie der gehetzte Hirsch ins Wasser, sehnte ich mich hinein in diese nackten, glänzenden Leiber, in diese Sirenen und Dryaden, diese Narzissus und Proteus, Perseus und Aktäon: verschwinden wollte ich in ihnen und aus ihnen heraus mit Zungen reden.»

Man muß diese Stelle im Auge behalten, um zu sehen, wie wenig damit gesagt ist, wenn man Pavese einfach als Vertreter der europäischen Dekadenz bezeichnet. Der ländlich-bäuerliche Piemontese hat nichts von der Eleganz des Wieners; sein zurückhaltender und keineswegs frühreifer Charakter ließ ihn auch seine Bildungserlebnisse viel bedächtiger verarbeiten, als dies Hofmannsthal tat. Pavese wollte nicht Vermengung und Anverwandlung, er beschied sich mit der Offenbarung des Göttlichen in der Begegnung. Er wußte zu sehr um die «Grenzen der Menschheit» und um seine Ausgeschlossenheit aus dem Bereich der Olympier, um ein so dionysisches Bild Griechenlands entwerfen zu können wie Hofmannsthal in dem Prolog zu Ludwig von Hofmanns Tänzen:

«Denn was wäre griechisch, was dürfte uns griechisch heißen, wenn nicht dies: eine Wollust des Daseins, der ihre Schwere genommen ist, genommen alles, was üppig herumfließt wie überschwere Luft, darin sich zuviele Düfte und auch Verwesendes und Erstickendes löst und mischt — eine Wollust, in der soviel Bewegung ist, daß sie langsamen Augen, schwerblütigen Sinnen keusch erscheint wie stürzendes Wasser und tanzende Sterne; ...»[8]

---

[7] Gespräche mit Leuko, a. a. O., S. 29.

[8] Zitiert nach Walter Jens: Hofmannsthal und die Griechen, Tübingen 1955, S. 133.

Im «Handwerk des Lebens» findet sich keine Spur einer Beschäftigung mit Hölderlin und kaum ein Hinweis auf die Welt der deutschen Klassik, und doch ist das Leitmotiv der «Gespräche» das Wissen um die «Grenzen der Menschheit» und die «Schicksallosigkeit» der Götter. Pavese ist allerdings viel zu sehr Ethnologe, um die griechischen Mythen als einmalige und absolute Größen gelten lassen zu können. Er schließt sich nur an sie an, weil ihre «verzeihliche Popularität und unmittelbare traditionelle Annehmbarkeit schon gegeben sind». Er beklagte zwar den Verlust der Begegnungen mit dem Göttlichen, aber nicht den Untergang der «Götter Griechenlands» wie Schiller, und fremd ist ihm Hölderlins Glaube, die Götter hätten sich nur aus sanfter Schonung aus der Welt zurückgezogen.

Wenn Walter F. Otto den Psychologen der Gefahr ausgesetzt sieht, «durch sein angestrengtes Horchen nach innen die Welt zu verlieren, die Stimme des Seins nicht mehr zu vernehmen»,[9] so dürfen die Dialoge Paveses, wenn nicht als Befreiung von seiner quälenden Problematik, so doch als eine seiner gelungensten Reinigungen von allem Allzu-Persönlichen betrachtet werden. Der Abscheu vor all dem, «was ungeordnet, regellos, zufällig ist»,[10] ermöglichte es ihm, zu apollinischer Klarheit und Ausgeglichenheit vorzustoßen, denn die «Gespräche» sind ganz Rhythmus, ganz Maß und Gesetz. Hier hat der Dichter sein stilistisches Ideal der Monotonie in besonders gelungener Weise verwirklicht: «Übrigens, sagt man Stil, so sagt man soviel wie Kadenz, Rhythmus, zwangsläufige Wiederkehr der Geste und der Stimme, der eigenen Stellung innerhalb der Wirklichkeit».[11] Hier berührt sich Pavese aufs engste mit den von Bettina aufgezeichneten Worten Hölderlins: «Alles sei Rhythmus, das ganze Schicksal des Menschen sei ein himmlischer Rhythmus, wie auch jedes Kunstwerk ein einziger Rhythmus sei, und alles schwinge sich von den Dichterlippen des Gottes, und wo der Menschengeist dem sich füge, das seien die verklärten Schicksale, in denen der Genius sich zeige, und das Dichten sei ein Streiten um die Wahrheit ... Und so habe den Dichter der Gott gebraucht als Pfeil, seinen Rhythmus vom Bogen zu schnellen ...».[12]

Auch für Pavese entsteht Poesie nur da, «wo die Spannung eines Mythos (die sogenannte Inspiration) auf der geschriebenen Seite zum Schwingen kommt». Erzählen ist monoton wie Tanzen oder Schwimmen:

---

[9] Theophania — Der Geist der altgriechischen Religion, rde, Hamburg 1956, S. 66.

[10] Gespräche mit Leuko, a. a. O., S. 29.

[11] Raccontare è monotono: Lett. americana, a. a. O., S. 338.

[12] Theophania, a. a. O., S. 107.

«Es ist augenscheinlich, daß mythische Spannung freudige Gewißheit um eine reichere Wirklichkeit unter der gegenständlichen Wirklichkeit bedeutet — die unbestimmte Anwesenheit des Schwimmers im Wasser — und diese Anwesenheit sich in Strudeln, Schaumbildungen und Auftauchen ausdrückt.»[13]

Wie treffend diese für die erzählende Dichtung gemachte Feststellung ist, zeigt ihre Übereinstimmung mit der Bemerkung Walter F. Ottos, der Mythos erscheine in der Bewegung und im Tun der Menschen:

«Das feierliche Schreiten, der Rhythmus und die Harmonie der Tänze, und was dergleichen ist, dies alles sind Selbstbezeugungen einer mythischen Wahrheit, die zu Tage treten will.»[14]

Die Dialoge sind schließlich das reinste Ergebnis von Paveses langjähriger Selbstzermarterung und seinen bohrenden Fragen nach dem Sinn der eigenen Existenz. Hier erscheint das menschliche Schicksal aus der leidenschaftslosen Schau der Unsterblichen. Die Welt hat darin Jahreszeiten wie Feld und Erde, und auch die Geschichte unterliegt dem Rhythmus von Werden und Vergehen.

Zum Verständnis von Paveses merkwürdiger Einstellung zu den olympischen Göttern ist es zunächst unerläßlich, auf einige Aufzeichnungen seines Tagebuchs zurückzugreifen. Pavese fühlte sich durch das Lächeln der Götter in seine Grenzen zurückgewiesen, was um so bitterer für ihn war, da er Menschen zu kennen glaubte, die an den Tisch der Götter zugelassen waren. Sein Verhältnis zu den Olympiern beruht daher nicht auf dem frommen Schauder, der W. F. Ottos Ausführungen über die Götter Griechenlands bestimmt, sondern auf dem Erschrecken dessen, der sich anmaßte, das Sein der Götter zu enträtseln und sich doch von ihnen verstoßen fühlt. So fehlt in seinem Verhältnis zu den Olympiern das Helle, das Ausgewogene, das beseligend Harmonische. Er vermochte es nicht, von seiner persönlichen Problematik abzusehen und sich unbeschwert dem Göttlichen zu öffnen:

«Die Götter sind für dich[15] die andern, die Individuen, die von außen gesehen, sich selbst genug und souverän sind». (Tg. 6. 1. 1946)

«Die Götter haben keine Empfindungen. Sie wissen, was geschehen muß, und wie es sein muß, tun sie es — sie sind Utilitarier.»
(Tg. 9. 3. 1946)

Der Dichter rührte hier an einen Krebsschaden seiner Existenz, den er bereits 1938 diagnostiziert hatte:

---

[13] Raccontare è monotono, a. a. O., S. 337.

[14] Theophania, a. a. O., S. 26.

[15] Ch. Birnbaum übersah dies entscheidende «dich».

«Alle die Charaktere, die berühmt sind, für ihre olympische Ruhe (Shakespeare — Goethe — Sturani[16]), haben diese Ruhe nie erworben dadurch, daß sie den Aufruhr in sich besiegten, gleichsam als Lohn für eine heldenhafte Anstrengung. Sie waren einfach Olympier vom ersten Tag an ... Du bist nicht als Olympier geboren und wirst nie einer sein, deine Anstrengungen sind nutzlos.» (Tg. 15. 1. 1938)

Pavese ging so weit in seiner Selbsterniedrigung, daß er sich wiederholt als Sklavennatur bezeichnete (etwa Tg. 20. 2. 1938), und es geht schon daraus hervor, daß seine Beziehungen zum Mythos sich grundlegend von denen Thomas Manns unterscheiden mußten, den er in einem Interview (neben De Sica) als den größten lebenden Erzähler bezeichnete.[17] In dem bereits zitierten Vortrag «Freud und die Zukunft» weist Thomas Mann auf die bewußtere, um nicht zu sagen selbstbewußtere Haltung des antiken Ich gegenüber der schicksalsbedingten Struktur des eigenen Lebens hin (es sei daran erinnert, mit welch schalkhafter Virtuosität sich der ägyptische Josef über das Schema der antiken Lebensführung erhebt):

«Das antike Ich und sein Bewußtsein von sich war ein anderes als das unsere, weniger ausschließlich, weniger scharf umgrenzt. Es stand gleichsam nach hinten offen und nahm vom Gewesenen vieles mit auf, was es gegenwärtig wiederholte, und was mit ihm «wieder da» war. Der spanische Kulturphilosoph Ortega y Gasset drückt das so aus, daß der antike Mensch, ehe er etwas tue, einen Schritt zurücktrete gleich dem Torero, der zum Todesstoß aushole. Er suche in der Vergangenheit ein Vorbild, in das er wie in eine Taucherglocke schlüpfe, um sich so, zugleich geschützt und entstellt, in das gegenwärtige Problem hineinzustürzen.[18]

Auch Pavese, der für sich in Anspruch nahm, Zerstörer der Mythen zu sein, trat vor dem mythischen Sein einen Schritt zurück, um zum Todesstoß auszuholen, aber gerade dies wurde, wenn nicht seinem Dichten, so doch seiner Existenz zum Verhängnis. Als Mensch des 20. Jahrhunderts fehlte ihm die Rückendeckung, während er sich andererseits doch einer irrationalen Macht gegenübersah, die seine Kräfte überstieg und ihn in die Knie zwang. Der Religionswissenschaftler und Literarhistoriker Pavese gab sich allerdings darüber nicht genügend Rechenschaft:

«Die Wiederkehr der Ereignisse bei Thomas Mann (Kap. Ruben geht zur Zisterne) ist im Kern eine entwicklungsgeschichtliche Konzeption.

---

[16] Sturani war der bereits im Zusamenhang mit «Lavorare stanca» erwähnte Maler.

[17] Intervista alla Radio: Lett. americana, a. a. O., S. 296.

[18] Adel des Geistes, a. a. O., S. 516 f.

Die Ereignisse machen den Versuch, zu geschehen, und jedesmal geschehen sie zufriedenstellender, vollkommener. Die mythischen Prägestempel sind wie die Formen der Arten. Was diese Konzeption vom naturalistischen Determinismus zu trennen scheint, ist die Tatsache, daß ihre Faktoren nicht die Geschlechtswahl sind oder der Kampf ums Dasein, sondern ein beständiger Wille Gottes, daß ein bestimmter Plan sich verwirkliche. Im übrigen läßt die Art und Weise von Mann, sich auszudrücken, annehmen, daß das, was die Ereignisse eins nach dem andern bestimmt, der menschliche Geist ist, der sie seinen Gesetzen nach erfaßt und jedesmal im Wesen gleich, aber reicher geschehen läßt. Ein kantianischer Formalismus, hinuntergesenkt in den mythologischen Stoff, um ihn in unitarischer Art zu deuten. Dahinter steht Vico.»

(Tg. 18. 2. 1945)

Besonders deutlich wird der Abstand zu Th. Mann, wenn man die Stellung von Hermes im Werk der beiden Schriftsteller vergleicht. In den «Dialoghi» erscheint er als Seelengeleiter, als Psychopompos, oder er wird von dem Kentauren Chiron an seine vorolympische Herkunft erinnert, da er sich nun scheinbar zu den neuen Göttern geschlagen hat:

«Was soll das heißen? Wir sind's, wir sind tierisch. Und du gerade, Enodios, der du in Larissa Hodenbeutel des Stiers warst und am Anfang der Zeiten dich im Schlamm des Sumpfes mit allem Blutigen und noch Ungeschlachten, das es nur gab auf der Welt, verbunden hast, du ausgerechnet wunderst dich?» (Die Stuten)[19]

Bei Pavese ist Hermes nicht wie oft bei Thomas Mann der schalkhafte Gott der Diebe, Vorbild und Urbild des ägyptischen Josef und des Hochstaplers Felix Krull:[20] das Spielerische fehlt gänzlich in der ernsten Welt der «Gespräche».

Auf Paveses Abneigung gegen die Olympier mag es zurückgehen, daß die große olympische Dreiheit Zeus, Apollo, Athene in seinen «Dialoghi» kaum erscheint. Nur Apollo greift zweimal ein, jedoch nicht als Stifter der Ordnungen oder gar wie in Hofmannsthals «Alkestis» als Freund der Menschen, sondern als der Unheilbringer (vgl. Tg. 28. 7. 1947). Paveses Zuneigung gilt hingegen dem Reich der alten Götter, jener Zeit, wo noch alles Leben mit dem Tod verschwistert war.[21] Die Hoheit des homerischen Götterantlitzes bleibt Pavese verschlossen; er interessiert sich für die Mischbildungen der vorhomerischen Zeit, für

---

[19] Gespräche mit Leuko, a. a. O., S. 56.

[20] Vgl. Walter Jens: Der Gott der Diebe und sein Dichter (Statt einer Literaturgeschichte, Pfullingen 1957, S. 87—107).

[21] Vgl. Walter F. Otto: Die Götter Griechenlands, 2. Auflage, Frankfurt/Main, S. 175. — Die ital. Übersetzung (Gli dèi della Grecia, Florenz 1941) wird von Pavese nie erwähnt.

das Chtonische und Weibliche der alten Religion und dann wieder für Dionysos und Demeter, in der «die Einheit von Leben, Tod und heiligem Recht»[22] das ehrwürdigste Symbol gefunden hat. Todgeweihte Heroen wie Patrokles und Achilles, Titanen wie Prometheus, der erblindete Ödipus und die verlassene Ariadne kommen in seinen «Dialoghi» zu Wort. Das titanische Zeitalter erscheint bei Pavese als das goldene Zeitalter, weil Glück und Unglück einander noch nicht gegenübergestellt waren:

«Das titanische Zeitalter (ungeheuerlich und golden) ist das der ununterschiedenen Menschen-Ungeheuer-Götter. Du betrachtest die Wirklichkeit immer als titanisch, das heißt als menschlich-göttliches (= ungeheuerliches) Chaos, was die beständige Form des Lebens ist. Du stellst die Götter als olympisch dar, als überlegen, glücklich, gelöst, ähnlich wie die Störenfriede dieser Menschheit — der doch die Olympischen Gunstbezeigungen erweisen, die aus titanischem Heimweh stammen, aus Laune, aus in jener Zeit verwurzeltem Mitleid (Für die Dialoghi).»

(Tg. 24. 2. 1947)

Den Auftakt der «Gespräche» bildet ein Dialog zwischen Ixion und der Wolke, die dem Unbändigen das neue Gesetz der Olympier verkündet, das Begrenzung und Unterwerfung verlangt. Das ursprüngliche Ineinander von Menschen, Titanen und Göttern ist endgültig vorüber:

«Die Söhne vom Wasser und vom Wind, die Kentauren, verstecken sich in der Tiefe der Schluchten. Daß sie Ungeheuer sind, wurde ihnen bewußt.»[23]

Der Kentaur Chiron trauert um jene Zeit, da «das Tier und der Sumpf Stätte der Begegnung von Menschen und Göttern war, als es noch nichts Tierisches gab, da Gott und Tier noch nicht getrennt waren».[24] Trotslos erscheint zunächst in der neuen Welt das Schicksal der Menschen, deren künftiger Helfer Asklepios von Hermes der Erziehung Chirons anvertraut wird:

»Er wird leben zwischen dem zerrütteten Fleisch und den Seufzern. Zu ihm werden die Menschen schauen, um vor dem Schicksal zu fliehen und um eine Nacht, ein Nu[25] die Todesangst zu verzögern. Es wird, dieses Knäblein, zwischen dem Tod und dem Leben vorbeiziehn wie du, der du Samenbeutel des Stieres warst und nichts mehr bist als der

---

[22] Ebenda, S. 196.

[23] Gespräche mit Leuko, a. a. O., S. 34.

[24] Ebenda, S. 57.

[25] Die Übersetzung von C. Gelpke «um vor dem Schicksal zu fliehen, von einer Nacht, einem Nu die Todesangst zu verzögern» für «per ritardare di una notte, di un istante, l'agonia» ergibt keinen Sinn.

Führer von Schemen. Das ist das Los, das die Olympier den Sterblichen auf der Erde bereiten.»[26] (Die Stuten)

Während Hermes der Wissende ist, erscheint in den «Gesprächen» Apollo als der Tückische, Rätselhafte, Unberechenbare und Grausame, der den Knaben Hyakinthos tötet, um eine Blume zu schaffen. Hölderlins beglücktes «Im Arme der Götter wuchs ich groß», das scheinbar auch für den Knaben Hyakinthos gilt, ist eine Illusion, das Geschenk einer Laune, die ebenso unvermutet endet, wie sie begonnen, denn jede Laune der Olympier wird zum verhängnisvollen Gesetz: «Um eine Blume zu schaffen, zerstören sie einen Menschen».[27] Die Theophanie wird zum Verhängnis, das den Betroffenen unerbittlich vernichtet. Allerdings: Hyakinthos «war ein unbewußter, etwas verträumter, von Kindheit umnebelter Jüngling, der Sohn von Amyklas, bescheidener Erde bescheidener König — was wäre er je geworden ohne den delischen Gast?»[28]

Um dieses schauervolle und zugleich den Menschen im Innersten aufrührende Eingreifen des Göttlichen im Leben der Menschen weiß besonders Endymion, der in dem Dialog «Das Wildtier» einem Fremden von einer Erscheinung der Artemis erzählt. Pavese erreicht hier einen Höhepunkt seines ganzen Schaffens, was nicht überrascht, wenn man bedenkt, wie ihn die jungfräuliche Göttin, die «Herrin des Wildes, die in die Welt emporgetaucht ist aus einem Wald unbeschreiblicher göttlicher Mütter vom ungeheuerlichen Mittelländischen Meer»[29] durch die wilden Züge ihres Wesens, ihre geheimnisvollen Beziehungen zur Nacht und zum Mondschein anziehen mußte. Schon in dem 1945 entstandenen Aufsatz «Der Wald» hatte Pavese den Schauder beschrieben, den das Erscheinen der Artemis mit ihrem «echten Wilden» hervorruft: «Die Einsamkeit in einem Wald, in einem Getreidefeld, kann angsterregend sein, kann töten, aber sie erschreckt uns nicht wie Menschen, wie Willenskräfte voller Leidenschaft. Nur die anderen können uns das antun, der Nächste, die Frauen, die Gefährten, unsere Kinder. Ihnen gegenüber, der Stadt gegenüber, leiden wir immer, leiden wir bis auf den Grund».[30]

Wenn auch das Göttliche mit verzehrender Gewalt in das Leben eingreift, so füllt diese Begegnung doch das Leben aus, ohne es sinnlos zu zermartern, wie dies die Stadt tut. Endymion wird «ganz in den Zauber eines einzigen Seins hineingerissen»,[31] und ist der Umgang mit dem

---

[26] Gespräche mit Leuko, a. a. O., S. 58.
[27] Ebenda, S. 66.
[28] Ebenda, S. 66 f.
[29] Ebenda, S. 69.
[30] Lett. americana, a. a. O., S. 322.
[31] W. F. Otto: Die Götter Griechenlands, a. a. O., S. 310.

Numinosen auch tödlich, so ist es doch ein anderer Tod als der, den die Menschen geben:

«Gefährte, weißt du, was die Waldschrecknis ist, wenn sich da eine nächtliche Lichtung auftut? Oder nein. Wenn du zur Nachtzeit an die Lichtung zurückdenkst, die du tagsüber gesehen und durchquert hast, und es dort eine Blume gibt, eine Beere, die du kennst, die im Winde schwankt, und diese Beere, diese Blume zwischen allem Wilden etwas Wildes, Unantastbares, Tödliches ist?»[32]

Nicht um lustvolle Metamorphose und Taumel handelt es sich hier wie bei Hofmannsthal, sondern um Verfremdung des Vertrauten, um den Einbruch eines göttlichen Seins.

Weicher, melodischer, ein «Zwiegespräch zwischen dem Göttlichen und dem Menschlichen» (Tg. 31. 10. 1946) ist der Dialog «Wellenschaum», in dem Sappho der Nymphe Britomartis vom Leid des Dichtens und der Unruhe der Menschen erzählt. Sie kann ihre Sehnsucht nicht zum Gesange läutern, denn «das Verlangen zerreißt und brennt wie die Schlange, wie der Wind».[33] Sie vermag nicht zu lächeln wie die kleine Nymphe und «leben wie eine Welle oder ein Blatt und das Schicksal bejahen».[34]

Eine Reihe von Gesprächen kreist um die Bedeutung des Schicksals, unter dessen Zeichen das Leben steht. Von wenigen Ausnahmen abgesehen, fehlt dem Menschen in den Dialogen «die Beseeltheit des Lebens, das Geheimnis seiner Blüte, die in jedem Augenblick ihrer Entfaltung und Bereicherung natürlich ist und zugleich wunderbar folgerichtiger Aufbau und zugleich Offenbarung und Dasein der Gottheit».[35] Diese helle Seite des griechischen Schicksalsbegriffes kennt Pavese nicht, sein Blick ist auf das Ende gerichtet, auf die Tatsache, daß es dem Menschen bestimmt ist, «daß er dies und jenes nicht erreiche, da und dort zu Fall komme und endlich untergehe».[35] Darum weiß selbst Achilles: «Für alle gibt es ein Schlimmstes. Und dieses Schlimmste, das kommt nach allem und stopft dir den Mund zu wie eine Faust voll Erde».[36]

Mit dem Zwiegespräch zwischen Herakles und Prometheus beginnt ein neuer (manchmal das Lehrhafte streifender) Zyklus der 26 Gespräche. Während der blinde Ödipus in einem Dialog mit einem Bettler sich fragt: «wer war Ödipus?»[37] und sich dagegen auflehnt, daß «alles gesagt war, noch bevor du zur Welt kamst»,[38] vollzieht Herakles ent-

[32] Gespräche mit Leuko, a. a. O., S. 72 f.
[33] Ebenda, S. 83.
[34] Ebenda, S. 82 f.
[35] Walter F. Otto: Die Götter Griechenlands, a. a. O., S. 368.
[36] Gespräche mit Leuko, a. a. O., S. 97.
[37] Ebenda, S. 107.
[38] Ebenda, S. 106.

schlossen und furchtlos sein Schicksal, und Prometheus weissagt den Menschen eine Zukunft, die nicht mehr von der Angst vor den Göttern gekennzeichnet ist: «Wenn sich die Sterblichen nicht mehr vor ihnen fürchten, werden die Götter verschwinden. ... Binnen kurzem seid ihr die Titanen. — Wir Sterblichen? — Ihr Sterblichen — oder Unsterblichen, das besagt nichts.»[39] Das heranwachsende Geschlecht der Menschen erhält seine Würde durch seine Unruhe, durch sein unaufhörliches Streben. Für die Nymphe Kalypso ist unsterblich, «wer den Augenblick annimmt», für Odysseus, «wer sich vor dem Tode nicht fürchtet».[40]

In dem Dialog «Die Hexen», der einen der wichtigsten Kristallisationspunkte der «Gespräche mit Leuko» darstellt (Tg. 1. 1. 46), erzählt Kirke ihrer Gefährtin Leukothea von ihrer Begegnung mit Odysseus. Pavese geht dabei offensichtlich von zwei Versen der «Odyssee» (XII, 116—117) aus:

«Unglückseliger, denkst du auch hier der kriegrischen Taten
Und der Gewalt und weichst nicht einmal unsterblichen Göttern?»

Odysseus ist der Vertreter eines neuen Geschlechts, er war «nicht Schwein und nicht Gott, war einfach ein Mensch, außerordentlich klug und tapfer vor dem Geschick».[41]

Die Errungenschaften des Menschen sind der Gegenstand des Gesprächs zwischen Demeter und Dionysos: «Überall, wo sie Mühsal und Worte anwenden, wird ein Rhythmus, ein Sinn, ein Zustand der Ruhe geboren».[42] Mit dem Erscheinen des Dionysos beginnt die Herrschaft menschenfreundlicher Götter. Nicht Apollon, der Fernhintreffende, Dionysos, der Gott der Nähe, des Taumels, des Wilden hat das letzte Wort in den «Dialoghi con Leucò»: hier schließt sich Pavese an die Linie Nietzsche—D'Annunzio an. Der Dichter läßt sich jedoch nicht von dem Auflösenden überwältigen, denn über allen Gesprächen, die eine geheimnisvolle Aussprache des Menschlichen mit dem Göttlichen darstellen, walten die Musen, denen der letzte Dialog gewidmet ist. Die Musen helfen dem Menschen, dem Dichter, sich über das Einerlei des Daseins zu erheben. Der Ekel an der bloßen Dingwelt, der einen

[39] Ebenda, S. 368. — Dieser Dialog ist nicht ohne lehrhaften Zug, wie auch das Gespräch zwischen Herakles und Lythierses «die zu armseligen Marionetten werden und sich damit beschäftigen ein Drama aufzuführen, dessen sie sich nicht bewußt sind» (Maria Luisa Premuda: I dialoghi con Leucò e il realismo simbolico di Pavese, Annali della Scuola normale superiore di Pisa, 1957 XXVI, S. 222—249; S. 241). — Auch der Dialog «Die Feuer» wirkt wie ein bloßer Umguß ethnologischen Wissens in eine bereitstehende Form.

[40] Gespräche mit Leuko, a. a. O., S. 153.

[41] Ebenda, S. 168.

[42] Ebenda, S. 211.

so großen Teil der modernen Dichtung kennzeichnet, findet hier seine Überwindung, wenigstens vorübergehend leuchtet die matte Welt der Gegenstände in einem neuen Lichte auf. So gesteht Hesiod Mnemosyne:

«Was du sagst, schließt in sich nicht jenen Ekel all dessen, was täglich geschieht. Du gibst den Dingen eigene Namen, die sie anders machen, unerhört und doch lieb und vertraut wie eine Stimme, die seit langem schwieg. Oder wie das jähe Sich-Erblicken in einem Spiegel von Wasser, der uns sagen läßt: Wer ist dieser Mensch?»[43]

Pavese, der sich offiziell als Zerstörer der Mythen bezeichnete, gab mit seinen Dialogen eines der schönsten modernen Zeugnisse der Suche nach dem Göttlichen, dessen Spuren er als Dichter noch in Fels und Wolken mit einem echt religiösen «stupore» entdeckte. Das abschließende Gespräch «Die Götter» ist daher von einer elegischen Grundstimmung getragen, die auf das Bewußtsein zurückgeht, daß auch die, «die fernab dem Meer entlang oder in Feldern leben», jenes andere, jene Begegnungen verloren haben.[44] Und doch strafen die «Gespräche mit Leuko» jene Wehmut Lügen, sind sie doch der Beweis dafür, daß der Zauber der sprachlichen Kadenz auch noch heute das Erhabene aufstrahlen läßt.

Naheliegend ist ein Vergleich der «Dialoghi con Leucò» mit den «Operette morali» Leopardis, zumal da auch die Ähnlichkeit des «Zibaldone» mit Paveses Tagebuch auf der Hand liegt. Solange eine Einzeluntersuchung aussteht[45], mag ein Hinweis darauf genügen, daß zwar

---

[43] Ebenda, S. 229.

[44] Ebenda, S. 235 f.

[45] Wenn ich recht unterrichtet bin, ist eine Einzeluntersuchung zur Zeit in Arbeit. Soviel ist jedoch bereits jetzt klar, «... mentre Leopardi interpreta, Pavese tenta di rivivere con animo del tutto moderno gli antichi miti e, in un certo senso, si lascia da essi suggestionare ed incapsulare» (Ornella Sobrero: Sui dialoghi con Leucò, Inventario, Jan./Juni 1955, S. 211—217). — Alessandro Pellegrini (a. a. O., S. 22 passim weist besonders auf den Gesamtaufbau der «Dialoghi» hin: «Die ersten zehn Zwiegespräche handeln davon, wie man dem Schicksal unterworfen ist ... Die fünf folgenden Dialoge beweisen, daß der Mensch sein eigenes Schicksal auch umzuformen vermag, er ist ihm nicht ganz ausgeliefert ...». — Dazu ist freilich zu bemerken, daß die gelungensten Dialoge eben die sind, in denen diese entwicklungsgeschichtliche Komponente nicht erscheint oder wenigstens im Hintergrund bleibt, da die Gesprächspartner nicht irgendeine ethnologische Erkenntnis ad spectatores demonstrieren. — Auch für Leopardis «Operette morali» wurde ein durchgehender Aufbau nachgewiesen. Gentile stellte in ihnen ein dialektisches Schema fest: «Tutte le Operette, insomma, venti di numero, tolto anche qui un prologo e un epilogo, sarebbero, secondo il suo concetto, ordinate in tre grandi parti, ciascuna di sei: una sorta di trilogia, che movendo dalla negazione dei valori della vita, e culminando in una crisi di dolore e di disperazione, alla fine ricostruisce e ricrea ciò che ha distrutto. (Giuseppe de Robertis: Saggio sul Leopardi, Florenz 1944, S. 151).

beide Dichter in gleicher Weise ihre Prosa bis in die Zeichensetzung hinein artikulieren und ihr Weltschmerz nicht ohne gegenseitige Anklänge ist, andererseits jedoch die Kadenz ihrer Texte gänzlich verschieden ist: vergebens würde man etwa bei Pavese die ironische Grazie des «Dialogo di Torquato Tasso e del suo Genio familiare» suchen, und während Leopardi die gelungensten Gespräche abfaßte, wenn er sich über sein Leiden erhob, fand Pavese die überzeugendsten Töne, wo er durch den Mund seiner Heroen und Nymphen dem eigenen Leiden Ausdruck verlieh.

Zwei im Rahmen des Gesamtwerks von Pavese recht belanglose Veröffentlichungen erregten durch den Augenblick ihres Erscheinens über Gebühr Aufsehen: die neun 1951 mit den Versen von «Verrà la morte e avrà i tuoi occhi» herausgegebenen Gedichte des Zyklus «La terra e la morte», sowie das mit Bianca Garufi verfaßte Romanfragment «Fuoco grande», das erst im Sommer 1959 erschien.

Pavese weilte im Herbst und Winter 1945 im Auftrag des Verlags Einaudi in Rom und lernte dabei die an der Redaktion der römischen Zweigstelle tätige süditalienische Philosophiestudentin Bianca Garufi kennen,[46] die den Dichter bald in eine dritte aussichtslose Liebesleidenschaft verstrickte (Tg. 27. 11. 1945). Aus den Aufzeichnungen des Todesjahrs geht hervor, wie einschneidend dieses Erlebnis für Pavese war, das er nur dank einer schöpferischen Hochstimmung heil überstand.

Die zwischen dem 27. Oktober und 3. Dezember 1945 entstandenen Verse des Zyklus «La terra e la morte» überraschen durch ihren hermetischen Ton, bleiben aber als künstlerische Leistung weit unter den Gedichten von «Lavorare stanca» und interessieren allenfalls als lyrisches Tagebuch einer Leidenschaft. Man möchte annehmen, Pavese habe diesen «privaten» Zyklus nicht zur Veröffentlichung bestimmt, hätte er ihn nicht bereits 1947 in der Zeitschrift «Le tre Venezie» abdrucken lassen. In virtuoser Abwandlung kehren darin immer wieder die gleichen Symbole: Erde, Meer, Fels, Weinberg, Hügel und Wind, eingeordnet in den urtümlichen Rhythmus der Jahreszeiten. Der Dichter läßt sich gehen wie sonst nur selten, die flüssigen Kurzzeilen entgleiten ihm geradezu und wandeln in eintöniger Wiederholung und Umkehrung die angeschlagenen Motive. Die Geliebte wird mit ihrem Hintergrund von Meer und Fels oft einfach durch ein banales «wie» verglichen oder mit ihm identifiziert. Die litaneiartige Aufzählung ihrer Eigenschaften (Anche tu sei collina / e sentiero di sassi / e gioco nei canneti / e conosci la vigna / che di notte tace.[47]) bricht am Ende der Gedichte

[46] Die Hinweise verdanke ich einem Artikel von Michele Rago: Il «caso» letterario Pavese-Garufi (Unità di Milano, 28. 7. 1959).

[47] Verrà la morte e avrà i tuoi occhi, 5. Aufl., Turin 1955, S. 12.

oft einfach willkürlich ab, oder der Reigen der Bilder wird durch Wiederaufnahme des ersten Verses geschlossen wie in dem Titelgedicht «Sei la terra e la morte».[48]

In dem Aufsatz «Über gewisse noch nicht geschriebene Gedichte» vom Februar 1940 hatte Pavese sich bereits gefragt, welche Dimension oder geistige Dauer sein künftiger «canzoniere-poema» haben werde: «Die Dichtung, die wir morgen schaffen werden, wird uns einige, nicht alle möglichen Türen öffnen, das heißt es wird der Tag kommen, wo wir schlaffe Gedichte schaffen werden, die nichts mehr versprechen und eben das Ende des Abenteuers bedeuten werden».[49] Angesichts dieser künstlerischen Gewissenhaftigkeit kann man den Zyklus «La terra e la morte» nur als private Entgleisung betrachten.

Dies gilt auch für das erst im Sommer 1959 postum veröffentlichte Romanfragment «Fuoco grande» (der Titel stammt vom Verleger), das Pavese im Frühjahr 1946 (4. 2. 1946—6. ?. 46) mit Bianca Garufi verfaßte und über das er sich im Tagebuch völlig ausschweigt. In den elf vorhandenen Kapiteln ergreifen die beiden Protagonisten des Romans, der norditalienische Journalist Giovanni und die bereits in der Kindheit von ihrem süditalienischen Heimatdorf Maratea geflohene Silvia das Wort, um jeweils aus ihrer Perspektive gemeinsam Erlebtes zu berichten oder gegenseitig zu ergänzen. Aus dem knappen Vorwort Bianca Garufis geht lediglich hervor, daß abwechslungsweise sie und Pavese die einzelnen Kapitel verfaßten. Darüber, ob und inwieweit der Dichter die von der Freundin übernommenen Kapitel überarbeitete, verlautet nichts.

Silvia wird von Giovanni mit ihrer süditalienischen Umgebung (Fels und Meer) identifiziert wie die Frau des Zyklus «La terra e la morte». Blut, Geschlecht und Sippe bilden den Wurzelgrund, aus dem sich Silvia löst, nachdem sie ihrem Stiefvater einen Jungen geboren hatte, den die Familie dem Dorf gegenüber als Silvias Bruder ausgibt, und welchen die junge Frau erst bei ihrer Rückkehr mit Giovanni auf dem Sterbebett wiedersieht. Der ganze Roman ist auf dem Gegensatz von Norden und Süden aufgebaut, und wie schon in «Terra d'esilio», wie im «Carcere» bleibt Süditalien ein im Chthonischen verwurzeltes

[48] Merkwürdigerweise bringt L. Bergel die Sprache nicht auf diesen Gedichtzyklus, der die in den letzten Gedichten von «Lavorare stanca» nachgewiesene «hermetische» Tendenz konsequent weiterführt. Mochte sich Pavese auch im Rückblick auf seine Experimente mit der Bild-Erzählung (immagine-racconto) Rechenschaft darüber geben, daß in diesen Gedichten der Stil Selbstzweck zu werden drohte (Bergel, a. a. O., S. 411), so kann diese Selbstkritik doch nicht über die Kluft zwischen Theorie und Praxis hinwegtäuschen.

[49] Lavorare stanca, a. a. O., S. 170.

Land, das sich vor dem Eindringling drohend und unzugänglich auftürmt.

«Das Haus Silvias lag vor dem Dorf auf einem mit Buchen bestandenen Abhang. An einem Fenster leuchtete ein Licht. Soviel Zeit ist verstrichen, soviel schreckliche, gemeine und unserer unwürdige Dinge haben wir begangen, aber jene Mauern in der einbrechenden Nacht und das unruhige Licht und der dunkle überdachte Vorbau, erscheinen mir noch heute — wenn ich daran denke — als etwa Geheimnisvolles und Reiches, als wäre darin meine Kindheit mit der ihren vergangen.»[50]

Die sanfte und harmonische Polarität von Stadt und Land, um die sich die Mehrzahl der zwischen Turin und den Langhe spielenden Erzählungen aufbaut, wird in den auf dem Gegensatz von Norden und Süden beruhenden Werken zu einem harten Aufeinanderprall, der das Entstehen «phantastischer Beziehungen» erschwert und ausschließt.

«Ich fragte mich, ob auch in mir jenes bäuerliche und finstere Blut sei, das die Augen der so vorurteilsfreien und städtischen Silvia verfinsterte. Ich war zwar auf dem Land geboren, aber meine Heimat war etwas Phantastisches und Leichtes, etwas in der Stadt Erträumtes, das mir kein Blut gegeben hatte. ... Immer war zwischen uns jene urplötzliche und wilde Zwietracht, jene wütende Zärtlichkeit entstanden, die das Hervorbrechen des zur Stadt gewordenen Landes bedeutet.»[51]

An diesen und ähnlichen Stellen läßt Pavese seinem dionysischen Irrationalismus die Zügel schießen, denn Silvia ist für Giovanni «etwas Wildes aus Blut und Geschlecht».[52] Giovanni stilisiert seine Geliebte zurecht, als sei sie eine der dem mythischen Bereich verhafteten Nymphen oder Göttinnen der «Dialoghi con Leucò».

Wie sehr Bianca Garufi bei der Abfassung ihrer Kapitel unter der Anleitung oder unter dem Einfluß des Dichters schrieb, zeigt eine Stelle, die fast wörtlich an den Dialog «Wellenschaum» anklingt und an Paveses Todessehnsucht und Weltschmerz erinnert:

«Schau», sagte ich. «Von hier wollte ich mich hinabstürzen, wenn ich wirklich verzweifelt war. Ich wünschte es so sehr, daß es mir naturwidrig schien, nicht hierherlaufen und kopfüber hinabspringen zu können, nur damit nachher weder mein Zimmer noch meine Mutter, noch der Wind in der Nacht übrigbliebe.»[53]

Diese Stelle, wie auch der für die ungeschriebene Fortsetzung vorgesehene Selbstmord Silvias und die Dialoge zwischen ihr und der Freundin Flavia gehören so sehr in den Umkreis von Paveses Schaffen, daß

---

[50] Cesare Pavese — Bianca Garufi: Fuoco grande, Turin 1959, S. 17.
[51] Ebenda, S. 79 f.
[52] Ebenda, S. 81.
[53] Ebenda, S. 73.

die Skepsis gegenüber dem Beitrag von Bianca Garufi nicht ausbleiben kann. Abgesehen von dem fragmentarischen Charakter des «Fuoco grande» bleibt das Werk auch wegen der Zusammenarbeit von Schriftstellern so verschiedener Statur Experiment, das die mangelnde Inspiration durch Verschärfung der Dosis zu ersetzen sucht, und alles in allem als kaum verantwortliches Spiel mit einigen wesentlichen Elementen von Paveses dichterischer Welt betrachtet werden muß.

## ZUGESTÄNDNISSE AN DIE POLITIK

### *Il Compagno*

> Die Bücher sind keine Menschen, sie sind ein Mittel, um sie zu erreichen; wer sie liebt und die Menschen nicht liebt, ist ein Geck oder ein Schuft. (L'Unità, 20. 6. 1945)

Nach Kriegsende ließ sich Pavese für einige Zeit von dem Strom der politischen Begeisterung mitreißen: er hielt Vorträge am Radio und ergriff mehrere Male an der kommunistischen Tageszeitung «L'Unità» das Wort. Er übernahm damit eine Rolle, die seinem Temperament nicht entsprach und die er auf die Dauer nicht durchzuhalten vermochte. Aus den unmittelbar auf den Krieg folgenden Monaten stammt seine bereits erwähnte Ablehnung der amerikanischen Literatur, und eben damals schrieb er auch für das Feuilleton des kommunistischen Parteiorgans seine «Dialoge mit dem Genossen», in denen er den Abstand zwischen Arbeitern und Intellektuellen durch die Gesprächsform zu überbrücken suchte. Pavese brachte die Rede dabei auch auf sein eigenes literarisches Schaffen, aber da er immer ein gewisses Publikum im Auge behielt, haben seine Dialoge bei allem guten Willen einen gezwungenen und nicht selten unecht klingenden kameradschaftlichen Ton, der dem äußerst selbstkritisch veranlagten Pavese auf die Dauer nicht entgehen konnte. Wohl auch deshalb stellte der Dichter bereits im Sommer 1946 seine Mitarbeit an der «Unità» wieder ein.

Untersucht man Paveses Tagebücher nach Bemerkungen über sein Verhältnis zur Politik, so ist die Ausbeute recht gering. Befremdend ist schon sein nahezu völliges Schweigen über die historischen Erschütterungen des zweiten Weltkriegs. Man könnte diese Tatsache darauf zurückführen, daß der dem Regime verdächtige Dichter aus Angst vor einer Beschlagnahme seiner Manuskripte davon Abstand genommen habe, die politischen Ereignisse zu kommentieren. Nach dem Krieg fiel jedoch dieser Gesichtspunkt weg, und man hat sich daher zu fragen, ob diese nebensächliche Stellung der Politik im «Mestiere di vivere» nicht auf ihrer geringen Bedeutung für Pavese beruht. Allerdings fehlt es nicht an einigen Bemerkungen des Schriftstellers, die darauf hinzudeuten scheinen, daß es ihm gelang, sich in den Parteikonformismus einzuordnen: «Nachdem die Freiheit gerettet ist, wissen die Liberalen nicht mehr, was sie damit anfangen sollen» (Tg. 5. 7. 1946).

Bereits wenige Wochen danach bringt der Schriftsteller jedoch das Unbehagen an der ihm zugedachten und für ihn so unpassenden politischen Rolle zum Ausdruck:

«Warum Konferenzen veranstalten? Zeitungen und Bücher sind allen zugänglich — auch den einsamsten Parteigenossen[1]. Es gibt innerhalb der Konferenzen ein theatralisch-übereifriges Sichzutunmachen, das den go-getters sehr behagt. Was den Fall betrifft, daß die Konferenzen das Brot der Wissenschaft handlicher in Stücke schneiden sollen, so gilt die Antwort, daß nichts kulturell Gültiges je aus einer Konferenz herauskommt, daß alles, was man hier angehört hat, wenn es Frucht bringen soll, noch emsig in den Büchern nachgelesen werden muß... Na und? Es bleibt nur, daß sie eine Schule sind für Oberflächlichkeit und Erfolg. Der Parteigenosse,[1] der nicht geneigt ist, den Hut zu lüften vor der Kultur und sich zu mühen und sozusagen in einen Tempel zu treten (so erscheint es im Anfang — dann geht es in Fleisch und Blut über), möge unwissend bleiben. Er verdient es.»

Merkwürdig berührt es, daß gerade Pavese die Aufgabe des Kommunisten in einer Synthese christlicher und stoischer, das heißt karitativer und felsenharter Haltung erblickte (Tg. 26. 1. 1947), entsprach er doch in keiner Weise diesem von ihm aufgestellten Ideal. Es fehlt ihm ebensosehr die für die Nächstenliebe unentbehrliche Aufgeschlossenheit den Mitmenschen gegenüber wie die unerschütterliche männliche Einstellung des Stoikers. Carlo Muscetta, der klügste und unerbittlichste marxistische Kritiker Paveses, betrachtet daher die stoische Pose Paveses nicht ganz zu Unrecht als verkappten Dekadentismus im Sinne Baudelaires («Le stoicisme, religion qui n'a qu'un sacrement, le suicide», Fusées, XXII) und deckt die religiöse Problematik auf, die Pavese zu seinem Eintritt in die kommunistische Partei bewog: «Es ist eine bei nicht wenigen Intellektuellen verbreitete Art, Kommunist zu sein; sie glauben, sich dem Volk zu nähern oder sogar — wie Pavese zu sagen vorzog — «Volk zu sein», um eine «Kommunion» mit den anderen zu verwirklichen, um aus dem eigenen Kerker auszubrechen. Aber diese Leute bringen kritiklos ihren religiösen Aberglauben mit und meinen, die kommunistische Partei sei eine neue, höhere und verständnisvollere Religion als die anderen. Und wenn sie darauf kommen, daß es eine politische Partei ist, bei der man von den anderen in dem knappen Maß empfängt, in dem man ihnen etwas bringt und in dem man sich mit ihnen auseinandersetzt, geben sie sich nicht damit zufrieden. Vielleicht ist es zu viel für sie, und ihnen kommt es vor, es sei zu wenig. Es ist eine Partei mit einer Ideologie, die eine neue Lebens- und Weltanschauung

[1] Pavese versteht mit dem «compagno» natürlich nicht den «Fachgenossen» wie Ch. Birnbaum meint, sondern den «Parteigenossen».

aufzubauen versucht, die bei diesem Aufbau von allen einen persönlichen Beitrag verlangt, denn da sie ihn nicht fix und fertig in einem dogmatischen Symbol besitzt, kann sie niemandem ein Credo geben.»[2]

Deutlicher kann nicht gesagt werden, woran das Verhältnis Paveses zu seiner Partei krankte: für ihn war sie eine Art Religionsersatz, an den er sich anklammern wollte, um ein inneres Gleichgewicht zu finden, aber bald verliert er die Hoffnung, er könne je erfolgreich mit anderen zusammenarbeiten (Tg. 4. 3. 1947) und spricht sich dadurch eine wesentliche Voraussetzung für eine fruchtbare Tätigkeit im Rahmen einer politischen Partei ab.

Die Aufsätze und Artikel des Politikers erscheinen dem Leser von heute zum großen Teil wie eine Mahnung an des Dichters eigene Adresse, und dafür spricht auch die Tatsache, daß nur ein Teil davon veröffentlicht wurde. Sie sind einer der zahlreichen Versuche Paveses, sich aus seiner Selbstverstrickung zu befreien. In einem erst postum veröffentlichten, aber bereits 1945 niedergeschriebenen Artikel «Der Faschismus und die Kultur» kommt Pavese zu dem Ergebnis: «Man mußte und man muß die Angst besiegen, auch — und vor allem — jene, sich ausgeschlossen, bevorrechtet und allein zu fühlen. Wenn unsere Wirklichkeit tatsächlich eine Wirklichkeit von Proletariern und Bauern ist, dürfen wir sie nicht als Problem oder Auszeichnung aushängen. Es wird genügen, sie zu leben.»[3] Besonders aufschlußreich für Paveses journalistische Tätigkeit ist die Antwort auf eine Rundfrage der kommunistischen Partei, die von verschiedenen Mitgliedern eine Erklärung über ihre Zugehörigkeit zu ihr wünschte. Im wesentlichen handelt es sich bei der erst postum erschienenen Begründung um die Ausarbeitung einer Tagebuchnotiz vom 10. April 1946. In seiner Antwort schreibt Pavese:

«Frei ist nur, wer sich in die Wirklichkeit einordnet und sie verwandelt, nicht wer zwischen den Wolken einherzieht ... Die hinsichtlich der Frage nach der Freiheit geschiedenen Intellektuellen sollten sich aufrichtig fragen, was sie mit dieser Freiheit, die ihnen mit gutem Grund so am Herzen liegt, zu tun gedenken. Und dann würden sie einsehen, daß es — wenn man die Trägheiten und die uneingestandenen Interessen eines jeden (das Tagebuch erläutert näher: bequemes Leben, unbestimmte Grübeleien, elegante Sadismen) abzieht, — es keine Instanz gibt, die sich, falls sie wirklich den Fortschritt wünschen, von der kollektiven Antwort der Arbeiter (das Tagebuch hat: ‚der kommunistischen Partei') unterscheidet».[4]

---

[2] Carlo Muscetta: Letteratura militante, a. a. O., S. 129.
[3] Lett. americana, a. a. O., S. 227.
[4] Ebenda, S. 239.

Es kann einem an diesem Beispiel nicht entgehen, wie Pavese im Rahmen seiner Tätigkeit für die Partei von seinem innersten Drama abzusehen versucht, von den «unbestimmten Grübeleien» und den «eleganten Sadismen», mit denen er hingegen im Tagebuch kokettierte. Das schlechte Gewissen des Intellektuellen gegenüber der Arbeiterschaft sucht er schließlich durch den Hinweis auf das Technische in der Tätigkeit des Schriftstellers zu beschwichtigen:

«Unsere Freiheit ist die Freiheit dessen, der arbeitet, dessen, der mit dem Material rechnen muß, mit seiner Festigkeit und Härte. Fragt jeden Schriftsteller! Könnte er etwas ohne Hindernis, ohne Knechtschaft den Worten gegenüber vollbringen?»[4]

Paveses künstlerisches Zugeständnis an die Politik, der über seine Kräfte gehende Versuch, sein «moi haïssable» auszuschalten, ist «Il Compagno» (Der Genosse), der 1946 entstand, also in dem Zeitraum, in welchem sich der Dichter mit besonderem Eifer für die Partei betätigte. Der Dichter suchte irgendwie über seinen Schatten zu springen, als er das Leben eines kleinbürgerlichen jungen Mannes schilderte, der allmählich für die marxistische Lehre reif wird.

Der Dichter versichert, im «Compagno» sei eine Spannung, die dank der mit dem Ton auf der letzten Silbe endigenden Sätze über das Normale hinausgehe. Es sei ein ständig blockierter Aufschwung, ein Keuchen (Tg. 8. 10. 1948). Eben dieser gehemmte Anlauf kennzeichnet den Roman in den Teilen, die Neues zu geben suchen. Neben dieser abgebrochenen und abgehackten Stiltendenz, die auf die lapidare Nüchternheit des proletarischen Erzählers zurückzuführen ist (die Sätze überschreiten selten die Länge einer Zeile) steht die aus den anderen Romanen bereits bekannte Technik des Unbestimmten, die immer wieder angewandt wird, zu der gewollten Sachlichkeit in störendem Gegensatz.

Der Protagonist wird wegen seines Guitarrenspiels Pablo genannt. Das Musikinstrument ist das Symbol für das Vagabundenelement im Charakter des jungen Mannes: er macht sich schuldig, da er dem infolge eines schweren Motorradunfalls gelähmten Freund Amelio die Geliebte, Linda, wegnimmt. Der erste Teil des Romans hat seinen Schauplatz in Turin, in der bereits aus anderen Erzählungen bekannten Hügelstadt mit ihren Kneipen und Tanzlokalen am Stadtrand. Durch Linda macht Pablo die Bekanntschaft des Theaterunternehmers und Kapitalisten Lubrani, der eines Tages beide mit sich nach Genua nimmt. Dort lernt der Erzähler den buckligen Schauspieler Carletto kennen, der wegen antifaschistischer Haltung seine Stelle verlor. Carletto übersiedelt schließlich nach Rom, und als Pablo sich mit Linda wegen ihres zweifelhaften Lebenswandels überwirft, fährt er mit dem Buckligen in die italienische Hauptstadt, wo er in einer Mechanikerwerkstätte, bei der einfachen Gina, Arbeit und Liebe findet. Durch seine neuen Bekannten bekommt er schließlich Beziehungen zur kommunistischen Partei, in deren Aufgaben er durch den eben aus dem spanischen Bürgerkrieg zurückgekehrten Intellektuellen Gino Scarpa eingeweiht wird. Als Linda vorübergehend in Rom auftaucht, löst Pablo sich endgültig von ihr, und nach einer kurzen Verhaftung wird er von den Behörden nach Turin zurückgeschickt, wo er mit Gina ein neues Leben beginnen will.

Als Zeitgemälde Italiens in der faschistischen Ära befriedigt der «Compagno» nicht. Der Guitarrenspieler Pablo und der Schauspieler Carletto sind zu «malerisch» und können keine typische Rolle für sich in Anspruch nehmen. Schließlich fehlt auch hier nicht die fatalistische Weltanschauung Paveses, die sich in der Perspektive der Personen des «Compagno» kaum rechtfertigen läßt. Der Dichter selbst vertrat die Ansicht, es handle sich nicht darum, eine neue psychologische Wirklichkeit zu entdecken, sondern darum, die Gesichtspunkte zu vervielfältigen, um in der Wirklichkeit des Alltags einen großen Reichtum aufzudecken (Tg. 2. 10. 1941). Es berührt daher eigenartig, daß die römischen Arbeiter die Lieblingsthemen des Intellektuellen Pavese anschlagen: man vermißt ihre Wirklichkeit, ihren Horizont, ihre Einstellung dem Leben gegenüber. Pablo spricht mitunter unvermutet wie eine der «bürgerlichen» Gestalten aus der «Spiaggia». So sagt er etwa zu Linda: «Du kannst nur aus dem, was du gemacht hast, schließen, was du machen wirst».[5] Hier spricht Pavese und nicht Pablo. In diesen Zusammenhang gehört auch der Gedankengang Pablos im Anschluß an die Erzählung eines sadistischen Traums: «Jenen Traum so einem Dritten zu erzählen, machte mir keinen Spaß. Man steht immer da, wie wenn man sich nicht an das Ende einer Geschichte erinnert oder die Guitarre nicht zu einem spricht. Es erweckt den Eindruck, als ob man sich nackt zeige.»[6] Giorgio Bassani bemerkt daher zu Pablo und seinen Genossen: «diese schweigsamen, stolzen, nüchternen, unabhängigen, von Natur aus geschliffenen, sentimentalen, mit Fäusten dreinschlagenden Kommunisten haben wir, ehrlich gesagt, in Italien nie getroffen«.[7]

Linda sieht die Wirklichkeit zwar nüchtern wie eine Straßendirne, aber dann berührt sie einmal plötzlich ein Lieblingsthema Paveses, den Nudismus: «Sie erzählte mir von der Zeit, als sie in San Remo allein in einem Boot zum Baden fuhr und, sobald sie auf dem offenen Meer

---

[5] Il Compagno, 5. Auflage, Turin 1954, S. 161.

[6] Ebenda, S. 85.

[7] Neorealisti italiani (Spettatore italiano, April 1948, S. 54). — Der «picarismo novecentescamente urbanizzato», den Enrico Falqui (Tra racconti e romanzi del Novecento, Messina-Florenz 1950, S. 205) in dem Roman nachweist, trägt besonders zu dem Stilbruch bei.

war, den Badeanzug ausgezogen und sich überall von der Sonne hatte bescheinen lassen. ‚Man fühlt sich wohl dabei', sagte sie mir. ‚Wir müßten immer alle nackt sein. Wenn die Leute nackt auf der Straße gingen, wären sie besser'.»[8] Hier steckt der dekadente Pavese, der sich nicht aus dem circulus vitiosus seiner Symbole zu lösen vermag, und sie daher bei passender und unpassender Gelegenheit vorbringt.

Mehrere Male wird im «Compagno» das Verhältnis zwischen Intellektuellen und Proletariern berührt. Pablo steht dem Problem mit äußerster Skepsis gegenüber: «Um den Studierten trauen zu können, muß man studieren. Hast du je verstanden, ob sie auf deiner Seite sind, wenn sie sprechen?»[9] Erst das Erscheinen Gino Scarpas ändert diese mißtrauische Haltung: «Daß Gino Scarpa studiert hatte, erstaunte mich. Er schien ein Mann wie wir, nur mehr auf Draht.»[10] Schließlich setzt der kommunistische Intellektuelle den zu einem recht irrational verstandenen Klassenbewußtsein erwachten Arbeiter Pablo das gemeinsame politische Credo auseinander: «Ich will dir etwas sagen», fing er an. «Es gibt einen einzigen Unterschied zwischen uns beiden: was mich Monate an Schweiß, Schmökern und Herzklopfen gekostet hat, um mich zu einem Entschluß zu bringen, habt ihr, du und deine Klasse, im Blut. Euch scheint es nichts.»

«Es war schwierig, die Genossen zu finden».

«Und warum hast du sie gesucht? Hofftest du auf etwas? Du hast sie gesucht, weil du den Instinkt hattest.»

«Jene wenigen Bücher möchte ich lesen. Wenn eines schönen Tages die Schulen für uns sein werden ...»

«Es ist nicht sehr viel, was man aus Büchern holt. Ich habe in Spanien Intellektuelle Dummheiten machen sehen wie andere. Was zählt, ist der Klasseninstinkt.«[11]

Pavese wird ein mittelmäßiger, spröder und gewollt lapidarer Schriftsteller, wenn er in seinen Romanen die kommunistische Parteidoktrin verficht. Er legt seinem Arbeiter Pablo dann einen Stil in den Mund, den man als proletarischen Akademismus bezeichnen könnte. Das spontan gesprochene Wort erstarrt dabei zu katechismusartigen Formulierungen.

Das Gelungenste an dem Roman ist die ständige Gegenwart des verratenen Kameraden Amelio im Unterbewußtsein des Erzählers. Die

---

[8] Il Compagno, a. a. O., S. 69.

[9] Ebenda, S. 130.

[10] Ebenda, S. 172.

[11] Ebenda, S. 142. — Hans Hinterhäuser fragt sich angesichts dieses Gesprächs: «Kennt man ein erschütternderes Beispiel für den Selbstverrat des modernen Intellektuellen?» (Italien zwischen Schwarz und Rot, a. a. O., S. 142).

Erinnerung an ihn trübt sein Verhältnis zu Linda: «Man sprach wieder von Amelio, und der Gedanke, ihn zwischen den Scheiben auftauchen, sich an die Tür lehnen und warten zu sehen, jagte mir einen Schrecken in die Glieder».[12] In Rom würde Pablo alles darum geben, wenn er mit Amelio über seine neuesten politischen Interessen sprechen könnte. Als er bei einem kurzen Besuch Lindas erfährt, daß der Genosse wegen seiner antifaschistischen Tätigkeit ins Gefängnis gebracht wurde, stellt sich die alte Gewissensqual wieder ein, und erst nachdem er selbst verhaftet wurde, hat Pablo das Gefühl, sich vor dem Kameraden gereinigt zu haben und seiner wieder würdig zu sein.

Die langsame Rechtfertigung gegenüber dem Genossen Amelio, der in den römischen Kapiteln nur als Hintergrund und letzte Instanz gegenwärtig bleibt, ist das Kernstück des Romans, der aber allzusehr von doktrinärem Beiwerk und einer durch die Guitarre des Helden bestimmten schematischen Stimmung überwuchert wird.

In einem Überblick über das eigene Schaffen stellte Pavese am 26. November 1949 fest, der «Campagno» sei durch die Trennung von Naturalismus und Symbol bestimmt. In der Tat handelt es sich um ein Werk, das sich nicht zum Ganzen fügt; die Fugen und Stilbrüche sind zu deutlich. Zum Glück blieb es das einzige Werk dieser Art: wer Paveses politisches Drama begreifen will, wird nicht zu diesem Zugeständnis an eine ihm fremde Mentalität greifen, sondern zum «Carcere» oder zu dem Meisterwerk «La casa in collina».

[12] Il Compagno, a. a. O., S. 67.

## ANGST VOR DER VERANTWORTUNG

*La casa in collina*

> Die Glückseligkeit des Jahres 48—49 ist ganz abbezahlt. Hinter jener olympischen Befriedigtheit war dies — die Impotenz und die Weigerung, mich zu verpflichten. Jetzt bin ich auf meine Art in den Strudel geraten: ich betrachte meine Impotenz, ich spüre sie in den Knochen, und ich habe mich verpflichtet an eine politische Verantwortlichkeit, die mich erdrückt. Die Antwort ist nur die eine: Selbstmord.
>
> (Tg. 27. 5. 1950)

Die angeführte Tagebuchstelle ist die letzte Konsequenz von Paveses verkrampfter Anstrengung, seine Kerkermauern zu durchbrechen. Er hatte sich darüber hinwegzutäuschen versucht, daß für ihn die einzige Möglichkeit, mit dem Leben fertig zu werden, der Rückzug in die eigene Vergangenheit, in die Kindheit, in die Symbolwelt der eigenen Heimat war. Die einzige Straße, die dem verschlossenen Intellektuellen offen stand, war die Flucht aus der Aktualität, wie er sie bereits in dem 1947/48 entstandenen Roman «La casa in collina» (Das Haus am Hügel)[1] gestaltet hatte. Es handelt sich dabei um einen der gelungensten italienischen Kriegsromane und eine der ausgeglichensten Stellungnahmen zum Faschismus und zur Widerstandsbewegung.[2]

Der Protagonist des Romans, Corrado, der sich in der ersten Person einführt, ist ein in den Vierzigerjahren stehender Turiner Gymnasiallehrer für Naturwissenschaften. Er hat in dem Hügelland um Turin bei zwei bekannten Frauen, der mit verhaltener und verdrängter Verehrung an ihm hängenden Elvira und ihrer Mutter, vor den Bombenangriffen des Jahres 1943 Unterschlupf gefunden. Doch die Landschaft, in der die Villa liegt, ist für Corrado nicht nur ein Ort unter anderen, «sondern eine Seite der Dinge, eine Lebensform»,[3] eine Möglichkeit, sich inmitten

---

[1] Prima che il gallo canti, a. a. O., S. 133—311.

[2] Gerade weil Pavese «sempre al di là o al di qua degli avvenimenti» stand, konnte er einen objektiven Bericht geben und eben weil der Krieg ihm «in veste di fato» erschien, wurde sein Bericht zum Roman, was Giuseppe Cintoli in seinem Aufsatz «Guerra e letteratura di guerra» (il menabò 1, Turin 1959) gänzlich übersieht. Cfr. auch die «Bibliografia della letteratura italiana sulla seconda guerra mondiale» (il menabò 1, a. a. O., S. 252—257) von Raffaele Crovi.

[3] Prima che il gallo canti, a. a. O., S. 135.

einer Zeit, die von jedem Stellungnahme und Verantwortung verlangt, ein künstliches Paradies der Unschuld und Sorglosigkeit zu errichten. Der einzige Gefährte in dieser Einsamkeit ist der nach dem heimatlichen Flüßchen Belbo benannte Hund. Der Krieg wird für Corrado zur Lebensform, welche die Selbstisolierung, die Augenblickslösungen und das Verpassen der sich bietenden Gelegenheiten rechtfertigt: «Jene Art dumpfen Grolls, in dem meine Jugend ihren Abschluß gefunden hatte, fand mit dem Krieg eine Höhle und einen Horizont».[4] So unbeteiligt Corrado an dem Ausbruch des Krieges scheint, so kann er doch nicht umhin, sich mitverantwortlich für das immer drohender werdende Geschehen zu fühlen, hatte er doch den Krieg nicht nur untätig als Lebensform angenommen, sondern auch seine ganze frühere Existenz darauf abgestimmt. In dieser Zeit der Selbstabsonderung, der Flucht aus der historischen Zeit, erschließt Corrado den Zugang zur eigenen Vergangenheit: «Fast möchte man sagen, daß ich mich in dem Groll und der Unsicherheit, in der Lust allein zu sein, als Knabe entdeckte, um einen Gefährten, einen Kollegen, einen Sohn zu haben. Ich sah diese Dörfer wieder, wo ich gelebt hatte. Wir waren allein, der Knabe und ich selbst.»[5]

Eines Abends, als in Turin die Sirenen heulen, tritt Corrado in einen Wirtshausgarten in der Nähe seiner Wohnung und hört, wie ein junger Mann, Fonso, die Stimme Mussolinis nachahmend, in das Dunkel ruft: «Italiener, diesen Krieg habe ich für euch gemacht. Ich schenke ihn euch, seid seiner würdig. Ihr dürft nicht mehr tanzen und nicht mehr schlafen. Ihr dürft nur noch Krieg führen wie ich.»[6] Plötzlich wird im Hin und Her eine weibliche Stimme hörbar, die Corrado als die Stimme Cates, seiner Jugendgeliebten, erkennt, so daß plötzlich eine scheinbar vergessene Tür in die Vergangenheit aufgestoßen wird. Cate war in ihrer Jugend eine jener für Paveses erste Erzählungen typischen Frauengestalten, die sich dem Mann bedingungslos hingeben, obwohl sie sich nicht von ihm geliebt wissen. Nach einem Wortwechsel, den Corrado mit dem sarkastisch-brutalen Satz «... ich gehe mit dir, um mit dir ins Bett zu gehen»[6] abschloß, verschwand Cate bis zu ihrem unerwarteten Wiedererscheinen aus dem Leben des Erzählers. Von den zwei Möglichkeiten, die daraus folgende Krise zu überwinden, wählte Cate nicht die Lebensflucht durch Selbstmord wie die Protagonistinnen der Erzählungen «Viaggio di nozze» und «Suicidî», sondern die Unabhängigkeit, was für die Frauen Paveses in erster Linie Unabhängigkeit vom Manne bedeutet. Und während Corrado seiner früheren Haltung verhaftet blieb,

[4] Ebenda, S. 137.
[5] Ebenda, S. 142.
[6] Ebenda, S. 148.

ist Cate eine andere geworden: sie ist jetzt unerreichbar, sicher, unsentimental, ganz der Erziehung ihres Sohnes Dino und der politischen Tätigkeit in der sich um Fonso gruppierenden Widerstandsbewegung ergeben. Plötzlich entdeckt Corrado, daß Dino lediglich ein Rufname für Corradino ist und daß der neunjährige Junge sein Sohn sein könnte. Der Mann, der zu Beginn der Erzählung in seinem Knabenalter einen narzißhaften Umgang mit sich selbst gesucht hatte, sieht nun sein Spiegelbild in der Wirklichkeit plötzlich vor sich. Cate weigert sich jedoch, Corrado, der sich nicht mehr daran erinnert, in welchem Monat er seine Beziehungen zu ihr abbrach, die Zweifel über seine mögliche Vaterschaft zu klären, und auch, als er den Jungen nach seinem Alter fragt, kommt er zu keinem endgültigen Schluß:

«Er sagte es mir. Er war Ende August geboren. Aber hatte ich Cate im November oder im Oktober verlassen? Es gelang mir nicht, mich daran zu erinnern. Am Bahnhof war es kühl an jenem Abend. Es war nebelig, war es Winter? Es gelang mir nicht. Ich erinnerte mich nur an das Ringen in der Augusthitze unter den Büschen am Po.»[7]

Zwischen den Beschauer und sein Spiegelbild schiebt sich nun störend Dino, durch den die Scheu vor der Verantwortung und der Hang zu Halbheiten eine späte Sühne findet. Corrado erfährt nie, ob der Junge sein Sohn ist, auch nicht als Cate nach der italienischen Kapitulation mit ihrem Bekanntenkreis verhaftet und nach Deutschland deportiert wird.

Neben der selbstverquälten und nutzlosen Frage Corrados, ob es eine von Egoismus freie Liebe gebe, und neben seiner pseudo-stoischen Haltung, die mit dem Pathos des Einsamen vor der eigenen Unsicherheit eine Fassade errichten möchte, steht Cates einfache Feststellung, es genüge, wenn man sich ein wenig gern habe.[8] Corrado ist inmitten aller der einzige Untätige. Selbst der Kollege Castelli, der Ungeschickte, der «schon vorher einsam und eigensinnig wie in einer Zelle lebte»[9], versucht in dieser Zeit des Umsturzes etwas zu unternehmen, so daß er als Sündenbock verhaftet wird. Neben Corrado wuchern Leute, die bereits die erste Grundlage für Schwarzmarktgeschäfte schaffen, neben ihm trifft die entschlossene Gruppe Fonsos Entscheidungen, um der sich zuspitzenden Situation entgegenzutreten, Opportunisten wie der unter dem Eindruck des alliierten Vormarsches in Süditalien zum eifernden Antifaschisten gewordene Sportlehrer Lucini rücken ihr Mäntelchen nach dem neuen Wind, und selbst die scheinbar in ihrer blinden Liebe für Corrado verblendete Elvira schafft Hilfe, als er durch Zufall der Ver-

---

[7] Ebenda, S. 180 f.
[8] Ebenda, S. 199.
[9] Ebenda, S. 247.

haftung durch die Deutschen entgeht: sie gibt ihm ein Begleitschreiben ihres Pfarrers an den Vorsteher einer Klosterschule in Chieri und bringt auch den durch die Verhaftung der Mutter zur Waise gewordenen Dino dort unter, während Corrados erste Reaktion beim Erscheinen des Jungen wieder feige Angst vor einem möglichen Verrat durch ihn ist: «Dino schloß aus einem Blick, den ich ihm zuwarf, und einem Wink, daß wir uns früher nie gesehen hatten».[10] Als Corrado schließlich auch das Kloster verlassen muß, kehrt er auf den Höhenkämmen der Hügel in sein Heimatdorf am Belbo zurück, wo er zufällig den ehemaligen Fliegeroffizier Giorgi als Anführer einer Partisanengruppe trifft. Giorgi, der Vertreter der jungfaschistischen Generation, macht sich dabei zum Wortführer der bürgerlichen Restauration:

»Sie werden doch nicht glauben, daß man für Ihre Trottel von Freunden kämpft?»

«Was für Trottel?»

«Jene, die 'Revolution' singen». Er warf verächtlich die Kippe weg. «Sobald die Arbeit mit den Schwarzen fertig ist», sagte er schneidend, «beginnt man mit den Roten.»[11]

Kurz vor dem Heimatdorf wird Corrado Zeuge eines Zusammenstoßes zwischen Faschisten und Partisanen, bei dem eine Reihe Faschisten getötet und gefangen werden: selbst das Land der Kindheit ist nun von dem Krieg überzogen, den der Erzähler tatenlos auf sich zukommen sah. Die Flucht vor der Wirklichkeit, der Rückzug in die Vergangenheit, in die Kindheit und Phantasie ist bei der veränderten politischen Lage nicht mehr möglich. Der Krieg ist überall, er klopft selbst an die bombensichere Villa auf den Hügeln, er drängt sich als Angst zwischen die Klostermauern und tobt als Bürgerkrieg auf den Feldern in Corrados Heimat.

Neben dem Tagebuch gibt das «Haus am Hügel» das beste Zeugnis für Paveses Verhältnis zum Christentum und zur Religion. Im Vergleich mit den Äußerungen aus der Mitte der dreißiger Jahre hat der piemontesische Dichter in diesem Roman wie auch in den Tagebuchaufzeichnungen während und kurz nach den Kriegsjahren eine wesentlich ausgeglichenere Haltung als früher gefunden. Muscetta versichert, die unveröffentlicht gebliebenen Stellen des «Mestiere di vivere» seien oft nichts anderes als Lästerungen und Flüche. Dies verwundert nicht, wenn man etwa Paveses an die poètes maudits erinnernde Notiz vom 6. Dezember 1935 liest, aus der eine mit sadistischen und masochistischen Elementen verbrämte Einstellung gegenüber der göttlichen Autorität spricht:

---

[10] Ebenda, S. 270.
[11] Ebenda, S. 296.

«Fluchen, das ist für diese altmodischen Typen, die völlig überzeugt sind, daß Gott nicht existiert, ihn aber doch, auch wenn sie auf ihn pfeifen, jeden Augenblick bis tief in die Haut spüren, wahrhaftig eine schöne Tätigkeit! Es kommt ein Asthma-Anfall, und der Mensch beginnt wütend und zäh zu fluchen: in der bestimmten Absicht, diesen möglicherweise vorhandenen Gott zu beleidigen. Er denkt, daß schließlich, wenn es ihn gibt, jeder Fluch ein Schlag mit dem Hammer auf die Kreuzesnägel ist und ein Verdruß, den man ihm zufügt. Dann wird Gott sich rächen — das ist sein System —, wird vor keiner Teufelei zurückschrecken, wird weiteres Unglück schicken, wird Höllenqualen loslassen — aber mag sich auch die Welt umkehren, so wird ihm doch niemand den Verdruß, den er empfunden hat, den Hammerschlag, den er erlitten, fortnehmen. Niemand! Das ist ein recht schöner Trost! Und sicher verrät es, daß schließlich Gott nicht an alles gedacht hat. Denkt doch nur: er ist der absolute Herr, der Tyrann, er ist alles; der Mensch ist ein Dreck, ein Nichts — und doch hat der Mensch diese Möglichkeit, ihn zu reizen, zu kränken, ihm einen Augenblick seiner glückseligen Existenz zu verbittern. Das ist wirklich ‚le meilleur témoignage que nous puissions donner de notre dignité'. Warum nur hat Baudelaire darüber kein Gedicht gemacht?»

Pavese war kein Gläubiger, jedoch seine Loslösung vom christlichen Wurzelgrund vollzog sich nie ganz, wenn er auch die Welt der katholischen Dogmen und Riten bald mehr oder weniger gleichwertig neben die anderen Religionen stellte und Liturgie und Ethnologie gegenseitig zu erhellen suchte: ein religiöser Relativismus und Synkretismus war die Folge dieses Verhältnisses zur Religion. Geradezu abergläubische Komponenten untergruben und zersetzten fortwährend die Ansätze zu einer hingebenden religiösen Haltung. Selbst in seinen Beziehungen zu Gott war Pavese von seiner misogynen Einstellung beherrscht: auch ihm gegenüber hielt er sich für einen Ausgestoßenen, ohne daß er es vermocht hätte, seine Ichvertrotzung mit einen echt stoischen Gleichmut zu ertragen.

«Wissen, daß jemand auf dich achtgibt, jemand Rechenschaft von dir verlangen kann über deine Gesten und Gedanken, jemand dir mit den Augen folgen kann und auf ein Wort warten — all das bedrückt dich, stört dich, kränkt dich.

Dies ist es, warum der Gläubige gesund ist, auch leiblich — er weiß, daß jemand auf ihn achtgibt, sein Gott. Du bist Junggeselle — du glaubst nicht an Gott.» (Tg. 21. 11. 1947)

Im Februar 1943 vertiefte sich Pavese in Léon Chestovs «Kierkegaard et la philosophie existent», aus dem er Verschiedenes exzerpierte, und im darauffolgenden Jahr — dem Jahr des bangen Wartens auf das Kriegsende — fand der Schriftsteller fast zu der «innerlichen Süße des Gottesreiches» (Tg. 29. 1. 1944). Er deutete nun die reiche symbolische Wirklichkeit, hinter der eine andere steht, als einen Weg zum Übernatürlichen und zum Christentum und trennte von ihr scharf die Welt der persönlichen und psychologisch bedingten Symbole (die Mythen der «Feria d'agosto»!), in denen Momente der Erfahrung in Momente des Absoluten verwandelt werden, und kennzeichnet dieses Verfahren als Protestantismus ohne Gott (Tg. 1. 2. 1944). Während Pavese noch 1938 das Leiden als nutzlos bezeichnet hatte, sieht er jetzt im Weinen etwas Irrationales, eine Möglichkeit, sich zum Universellen zu erheben (Tg. 7. 2. 1944), und betrachtet nun den Schmerz sogar als wünschenswert, weil er einen Weg zu Gott darstelle (Tg. 2. 12. 1944).

Bei der Lektüre eines Kommentars zum Matthäus-Evangelium stößt der Dichter schließlich auf die Vermutung, das Unterbewußte sei Gott (Tg. 28. 12. 1944), und dieser Gedanke trifft ihn so tief, daß er im Januar 1945 voller Zuversicht auf das vorausgehende Jahr zurückblickt und es als das wichtigste in seinem Leben bezeichnet, wenn es ihm gelingen werde, weiterhin auf Gott zu beharren.

Bereits in den folgenden Monaten wirft jedoch Pavese wieder viel seltener religiöse Fragen auf, und die Aufzeichnung vom 8. 11. 1947 mit ihrem religiöses Vertrauen und unantastbare Skepsis gegenüberstellenden Frage- und Antwortspiel zeigt, daß es ihm nicht gelang, über seine Ansätze zu einem positiveren Verhältnis gegenüber dem Christentum hinauszukommen.

Einen Niederschlag des unter dem Zeichen Gottes stehenden Jahres 1944 haben wir in dem zur gleichen Zeit spielenden Roman «La casa in collina». Während die Kriegssituation immer unerbittlicher wird, sieht Corrado die Kirche und ihre Einrichtung plötzlich unter einem neuen Blickwinkel. Er hört von Leuten, die sich in Klöster und Sakristeien flüchten, was ihm wie die Rückkehr zu Kindheit, Weihrauchduft, Gebet und Unschuld erscheint:

«Früher, wenn ich an einer Kirche vorbeiging, dachte ich nur an kniende alte Jungfern und glatzköpfige Alte, an verdrießliches Gemurmel. Wenn nun all das nicht zählte, wenn eine Kirche, ein Kloster hingegen ein Zufluchtsort wäre, wo man mit den Händen vor dem Gesicht hört, wie sich das Herzklopfen beruhigt? Aber dazu, dachte ich, braucht man keine Kirchenschiffe und Altäre. Es genügt der Frieden, das Ende des Blutvergießens. Ich erinnere mich, daß ich einen Platz überquerte, und der Gedanke brachte mich zum Stehen. Ich erbebte. Es war eine unerwartete Freude und Seligkeit. Beten und in eine Kirche treten, dachte ich, heißt einen Augenblick des Friedens erleben, in einer Welt ohne Blut wiedergeboren werden».[12]

Als Corrado jedoch kurz darauf in die Kirche tritt, stellt sich der Frieden nicht ein, wenn auch die Überzeugung bleibt, daß diejenigen, welche dieser inneren Ruhe teilhaftig werden, dem Tod entgegentreten können. Cate, zu der er davon spricht, hält ihm jedoch entgegen, daß das Gebet ohne Glaube nichts nütze. Im Kloster wiegt sich Corrado vorübergehend in der Illusion, die innere Sicherheit wiedergefunden zu haben, aber Angst und Gewissensqualen versperren ihm den Weg dazu:

«Ich dachte an jene Märtyrer, die man im Katechismus studiert. Ihr Friede war ein Friede jenseits des Grabs, alle hatten sie Blut vergossen — was ich nicht wollte. — Im Grunde genommen betete ich nur um ein Schlaf- und Betäubungsmittel, eine Gewißheit, gut versteckt zu sein. Ich betete nicht um den Frieden für die Welt, sondern um meinen eigenen».[13]

In den Gesprächen mit Padre Felice, wird sich Corrado des Abstands bewußt, der ihn von dem Pater und damit auch dem Klosterleben, das sich über das Gewirr der Zeit erhebt, trennt. Auf die im Tagebuch aufgeworfene Frage: «Wie kann Gott die langen Demütigungen im Gebet, die unendlichen Wiederholungen des Kultus verlangen?» (Tg. 12. 4. 1944) gibt Padre Felice die Antwort der Kirche (und freilich auch der Religionswissenschaft):

«Da es sich um Gebete handelt», sagte Padre Felice, «zählt die Neuheit nicht. Es wäre gerade, wie man die Stunden des Tages zurückweisen wollte. Im Jahresablauf vollzieht sich das Leben. Das Land ist eintönig, die Jahreszeiten kehren immer wieder. Die katholische Liturgie begleitet das Jahr und spiegelt die Arbeit auf den Feldern wider».[14]

Für Corrado ist jedoch die Welt des christlichen Kultus lediglich eine Zufluchtsstätte unter anderen, ein Alibi, um sich der Verantwortung und den Aufgaben seiner Zeit zu entziehen. Er hat weder den Frieden Padre Felices, noch die Opferbereitschaft seiner Jugendgeliebten Cate. Am Ende seiner langen Flucht vor der Wirklichkeit und seiner Zeit hat Corrado allerdings begriffen, daß kein Friede kommen kann, ehe sich nicht jeder dazu entschieden hat, tätigen Anteil am Leben zu nehmen, aus seiner Isolierung auszubrechen und sich für etwas einzusetzen:

«Dieser Krieg verbrennt unsere Häuser. Er sät Erschossene auf unsere Plätze und Straßen. Er jagt uns wie Hasen von Zufluchtsort zu Zufluchtsort. Er wird uns schließlich dazu zwingen, daß auch wir kämpfen, um uns eine aktive Zusage zu entreißen. Und es wird der Tag kommen,

---

[12] Ebenda, S. 249.
[13] Ebenda, S. 264.
[14] Ebenda, S. 275.

wo niemand außerhalb des Krieges sein wird — weder die Feiglinge, noch die Traurigen, noch die Einsamen. Seitdem ich hier mit den Meinen lebe, denke ich oft daran. Wir werden es eines Tages alle auf uns genommen haben, Krieg zu führen, und dann werden wir vielleicht Frieden bekommen».[15]

Pavese hat in diesem Roman nicht nur sein eigenes Schuldbekenntnis abgelegt, das in der unter dem Eindruck des zweiten Weltkriegs entstandenen Literatur kaum seinesgleichen hat, sondern er gab darin auch ein umfassendes Bild der italienischen Tragödie in den letzten Kriegsjahren: es fehlt keine Bevölkerungsschicht und keine politische Strömung. Neben der bürgerlichen Welt der beiden Frauen, steht die faschistische Generation, die wie der Turnlehrer Lucini oder der Fliegeroffizier Giorgi auf einen neuen Kurs umschwenkt, neben den Vertretern der Kirche steht die revolutionäre Generation der um Fonso und Cate gescharten Widerstandskämpfer. Die von Pavese gewählte Perspektive des sich seiner Mitverantwortung an den Ereignissen bewußten Intellektuellen sicherte dabei zugleich einen Abstand, der es erlaubte, allen Gerechtigkeit widerfahren zu lassen und vor allem vergossenen Blut scheu zurückzuschrecken:

«Ich weiß nicht, ob Cate, Fonso, Dino und alle anderen zurückkehren werden. Manchmal hoffe ich es, und zugleich macht es mir angst. Aber ich habe die unbekannten Toten, die republikanischen Toten, gesehen. Sie haben mich aufgerüttelt. Wenn ein Unbekannter, ein Feind, sterbend etwas Derartiges wird, wenn man stehen bleibt und Angst hat, über ihn hinwegzuschreiten, so heißt das, daß der Feind auch besiegt jemand ist, daß man, nachdem man sein Blut vergossen hat, es besänftigen, diesem Blut eine Stimme geben und den, der es vergossen hat, rechtfertigen muß. Gewisse Tote anzusehen ist demütigend. Sie sind nicht mehr die Angelegenheit eines anderen: man spürt, daß man nicht zufällig an die Stelle kam. Man hat den Eindruck, daß das Schicksal selbst, das diese Körper auf die Erde gestreckt hat, uns festgenagelt halte, damit wir sie sehen und unsere Augen damit anfüllen. Es ist nicht Angst, es ist nicht die übliche Feigheit. Man fühlt sich gedemütigt, weil man versteht — man hat es greifbar vor sich — daß an der Stelle der Toten wir sein könnten: es bestünde kein Unterschied, und wenn wir leben, so verdanken wir es dem blutbefleckten Leichnam. Deshalb ist jeder Krieg ein Bürgerkrieg: jeder Gefallene gleicht dem Überlebenden und er fragt ihn nach dem Warum.»[16]

In «La casa in collina» hat die im «Compagno» so unangebrachte «Technik des Unbestimmten» ihre volle Berechtigung: Corrado ist

[15] Ebenda, S. 308.
[16] Ebenda, S. 310.

innerlich unsicher, er begnügt sich mit Andeutungen und Vermutungen. Die Tatsache, daß ein großer Teil des Geschehens sich bei Nacht und in Verstecken zuträgt, überzuckt alles mit einem unsteten Hell-Dunkel. Das Bewußtsein des Erzählers ist wie ein Wasserspiegel, in den der Stein einer schuldvollen Vergangenheit fällt, so daß erst allmählich nach der eingetretenen Beruhigung Sinn und Deutung des Geschehenen möglich werden.

Auch hier ist der Mond die gierige, blutdürstige und todessüchtige Hekate, welche verhängnisvoll über der nächtlichen Landschaft schwebt: «Der Mond ging hinter den Bäumen unter. In wenigen Nächten war er voll, sodaß er Himmel und Erde überschwemmen, Turin enthüllen und neue Bomben bringen würde.»[17] Die Gegenstände verlieren ihren Eigenwert und gehören einem weitverzweigten System von Beziehungen an, wie zum Beispiel Mond-Stadt-Bomben.

Cate, die der Wirklichkeit zugewandte Cate, ist in eine Vergangenheit hineinprojiziert, welche die scharfen Umrisse ihrer Persönlichkeit verwischt. Das «Haus am Hügel» ist nach den Worten Corrados die «Geschichte einer langen Illusion»,[18] zu deren Ursachen er sich langsam hintastet: daher die zahllosen «mi pareva» (es schien mir), die dem zunächst noch Unfaßbaren allmählich eine Gestalt und eine Form geben: «Jetzt schien es mir, als ob ich immer gewußt hätte, daß es zu dieser Ebbe und Flut zwischen Hügel und Stadt kommen würde ...»[19]

Obwohl auch Paveses nächster Roman «Il diavolo sulle colline» die Ebbe und Flut zwischen Stadt und Land zum Gegenstand hat, wußte der Dichter durch eine veränderte Perspektive eine gänzlich verschiedene Wirklichkeit und eine neue erzählerische Kadenz zu erschließen.

[17] Ebenda, S. 159.
[18] Ebenda, S. 136.
[19] Ebenda, S. 139.

# STADT AUF DEM LAND

## *Il diavolo sulle colline*

Did you ever see Piedmontese hills? They are brown, yellow and dusty, sometimes «green» ... You'ld like them. (Pavese an Hemingway, Tg. 3. 10. 1948).

In dem Roman «Il diavolo sulle colline» (Der Teufel auf den Hügeln), den Pavese am 4. Oktober 1948 abschloß, verschmelzte er eine Reihe von Motiven, die ihn seit der «Spiaggia» und den Erzählungen in «Feria d'agosto» beschäftigten. Mit einer ans Virtuose grenzenden Meisterschaft — wie dann nur noch in dem kurz darauf entstandenen Roman «Tra donne sole» — ist hier der Dialog gestaltet.

Pavese selbst schrieb befriedigt, wenige Tage nach Abschluß des Romans: «Es sieht aus wie etwas Großes. Es ist eine neue Sprache. Zum Mundartlichen und gepflegten Schöngeschriebenen fügt es die ‚Studentendiskussion'. Zum ersten Mal hast du wirklich Symbole hingestellt. Du hast die Spiaggia wiedergewonnen, indem du die jungen Leute hineinfügtest, die das Leben der Diskussion entdecken, die mythische Wirklichkeit.» (Tg. 7. 10. 1948)

Von nicht unterschätzbarer Bedeutung ist bei dieser dem Gespräch zugedachten Rolle als einem Weg zur Entdeckung mythischer Wirklichkeit Paveses eingehende Beschäftigung mit dem englischen Theater zur Zeit Shakespeares, von der wir wichtige Spuren bereits in seinem Aufsatz «Il mestiere di poeta» von 1934 finden, und die dann in den Jahren 1943/44 einen besonders reichhaltigen Niederschlag im Tagebuch zeitigte. Der Dichter fand in den Dramen dieser Periode nicht nur das «Wilde» ungehemmter Leidenschaften, das seinem Hang für das Dionysische entsprach, sondern er entdeckte vor allem auch die Rolle des «wit» in den Werken Shakespeares und seiner Zeitgenossen:

«Es bestätigt sich, daß der wit Stil ist, nicht Psychologie (31. Oktober 42), was so viel heißt wie: die Personen sprechen witty nicht, um ihren unterschiedlichen Charakter auszudrücken (dieser enthüllt sich in den Gesten und in den Gedanken), sondern weil die Welt so ist. Der wit ist Lied, nicht Analyse. Er ist ein Spiel der Phantasie, das die Worte aller durchtränkt, ist daher zu beurteilen als Bild, nicht als Wahrheit.» (Tg. 1. 10. 1943)

Pavese kommt es also nicht so sehr auf die Charaktere und die sich im Gespräch offenbarenden Personen an, sondern um die Erschließung der Welt im Hin und Her von Rede und Gegenrede.[1] Die Studentengespräche im «Diavolo sulle colline» lösen die Wirklichkeit in ein geheimnisvolles symbolisches System von Beziehungen auf, die Äußerungen des einzelnen sind nicht endgültig und absolut, sie sind lediglich Lichtkegel, die unerwartet eine bis dahin nicht entdeckte Seite der Welt mit Helle übergießen. Für die Gespräche der Studenten im «Diavolo» gilt also das, was Pavese an «Love's Labours lost» hervorhebt:

«Love's labours lost ist die schönste Jugend-Komödie. Ist es möglich, daß es die erste wäre? Hier herrscht die Raserei der Sprache, Schlag, Gegenschlag, wit, Bild, Tirade, Wiederaufnahme. Man sieht nicht einmal, wie die Personen Zeit haben, zu lachen. Es nimmt den Atem. Als Ansatz ist sie ein wahrer, wirklicher Wettstreit von wit.»

(Tg. 8. 10. 1943)

So wie Shakespeare seinen Personen keine Zeit zum Lachen läßt, so überwältigt Pavese durch das schlagartige Aufeinander der Bemerkungen und Reflexe der Gesprächspartner die ratio des Lesers, welche das Hervortreten der hintergründigen mythischen Wirklichkeit erschweren oder gar verhindern würde. Pavese spricht offensichtlich von seinem eigenen Weg, wenn er in einer Eintragung am 9. Oktober 1943 feststellt, daß Shakespeare allmählich vom erzählten zum dialogisierten Bild gelangt, wofür er ein typisches Beispiel aus «The Winter's Tale» anführt.

Gegen die Situationskomik von Shakespeares Zeitgenossen grenzt Pavese die Wortkomik Shakespeares ab (Tg. 16. 10. 1943), die dann bei Ben Jonson ein Mittel zum Zweck wird, und zwar «in der neuen Richtung der realistischen Schöpfung der Person». Die Vulkane von wit sind nun nicht mehr «reines Phantasie-Spiel wie bei Shakespeare», sondern jetzt sind sie da «für den Nutzen, sie dienen dazu, die Person zu bestimmen und zu erklären». (Tg. 19. 10. 1943)

Einen klaren Ansatz zu einer neuen Literatur erblickt Pavese in der «Maid's Tragedy» von Beaumont und Fletcher, wo das Bild völlig verschwindet:

«In der Maid's Tragedy fehlt einfach das Bild in der trotslosesten Art. Es scheint unmöglich, daß von hier (1609) ein neuer Stil begann. Der Sinn für den wit ist verlorengegangen. Die großartige, phantasievolle Wärme des Bildes bei Shakespeare und Webster ist herabgesunken zu einer abgeblaßten literarischen Sprache, wo die Rührung Theatercoup ist oder schönes Gefühl. Es verschwindet auch die Psychologie. Es bleibt — besonders in den ersten Akten — ein hartes besessenes Gefühl

[1] Meines Wissens ist Walter Jens der einzige deutsche Kritiker, der Paveses ästhetischen Äußerungen die gebührende Aufmerksamkeit schenkte und sie in einen europäischen Rahmen stellte (Statt einer Literaturgeschichte, Pfullingen 1957, passim).

für das Geschlecht (komisch und tragisch), das modern anmutet, zeitgenössisch. Evadne ist lebendig, solange sie hart das begierige Geschlecht darstellt; dann, befreit davon, fällt sie ab. Aber die Sprache ist tot. Ben Jonson verstand wenigstens, im Dialekt zu sprechen.»

Wit und dialogisiertes Bild sind typische Merkmale des «Diavolo sulle colline»: das Gewicht liegt nicht auf den Personen, sondern auf der mythischen Wirklichkeit, die sich durch ihre Worte und Schicksale offenbaren soll. Die Gesprächspartner werfen sich ihre Gedanken gegenseitig zu, ergreifen sie im Flug, ehe sie in einer Formulierung erstarren und geben ihnen eine neue Richtung. Man hat geradezu den Eindruck, einer Tennismeisterschaft für wit beizuwohnen.[2] Die einzelnen Gestalten des Romans sind in erster Linie Prismen, in denen sich die Wirklichkeit bricht. Theoretisch war sich Pavese längst über die Wichtigkeit der erzählerischen Perspektive im klaren:

«Nichts ist wesentlicher, wenn man ein Kunstwerk beginnt, als daß man sich des Reichtums des Gesichtspunkts versichert. Die unmittelbarste und banalste Art, es zu tun, ist die, anzuknüpfen an eine Erfahrung, die etwas ungewohnt und weit genug entfernt ist (vgl. 6. bis 7. Juli 39), und auf der realistischen Gesamtheit von Assoziationen zu arbeiten, die diese darbietet.[3] Aber es gibt eine technische Art, einen Gesichtspunkt zu bilden, die darin besteht, verschiedene geistige Ebenen anzulegen, verschiedene Zeiten, verschiedene Winkel, verschiedene Wirklichkeiten — und davon abzuleiten gekreuzte Projektionen, Spiel mit Hindeutungen, Reichtum an stillschweigenden Ergänzungen, wohin all deine Vorbereitung und dein Geschmack zielt.» (Tg. 4. 4. 1941)

In der Struktur läßt sich «Il diavolo sulle colline» einer Schraubenlinie vergleichen, die in der Vertikalen auf ihren Ausgangspunkt zurückkehrt. Die Situation des ersten Kapitels deutet bereits symbolisch auf das Ende. Paveses fatalistischer Glaube, daß sich alles Geschehene wiederhole, ist hier nicht eine mehr oder weniger angebrachte Feststellung, sondern ein unerbittliches Gesetz, das auch den Aufbau des Werkes bestimmt. Die bloße Struktur des Romans erscheint daher wie eine großangelegte Metapher für Paveses Schicksalsbegriff.

---

[2] In diesem Zusammenhang sei an Paul Valérys «Petite lettre sur les mythes» erinnert, worin eben das Vermeiden präziser Formulierungen als die unerläßliche Grundlage für jeden Mythos angegeben wird: «Ce qui périt par un peu plus de précision est un mythe». (Variété II, 67. Aufl., Paris 1947, S. 231).

[3] Zu dieser «banalen» Art gehören zum großen Teil die ersten Erzählungen, der «Carcere», «Paesi tuoi» und «La bella estate , während bereits in der «Spiaggia» der Erzähler nicht mehr Protagonist ist, sondern an die Peripherie der Ereignisse rückt und mehr oder weniger als Außenstehender Vorfälle und Perspektiven anderer registriert.

Der Auftakt des Romans erinnert in manchem an den Beginn der «Bella estate»:

«Wir waren sehr jung. Ich glaube, daß ich in jenem Jahr nie schlief. Aber ich hatte einen Freund, der schlief noch weniger als ich, und an manchem Morgen sah man ihn schon in der Stunde, in der die ersten Züge ankommen und abfahren, vor dem Bahnhof auf- und abgehen».[4]

Der Freund ist Pieretto, Sohn eines Architekten und typischer Städter, der Erzähler ist ländlicher Herkunft, aber in Turin aufgewachsen: beide sind Jura-Studenten. Der Vertreter des Landes ist der Medizinstudent Oreste, dessen Vater Eigentümer eines von ihm selbst verwalteten Gutes im Piemont ist.

Auf den Hügeln am Stadtrand, wohin die jungen Leute ihre nächtlichen Streifzüge machen, sehen sie eines Nachts ein großes mattgrünes Auto[5] auf sich zukommen, das langsam aus der mondbeleuchteten Straße in den Schatten der Bäume gleitet und dann stehen bleibt: «Während ich dicht am Wagen vorbei ging, erwartete ich Flüstern und Rauschen von Kleidern, vielleicht Gelächter zu hören, hingegen sah ich undeutlich einen Mann allein am Steuer, einen jungen Mann, hintenübergelehnt, das Gesicht zum Himmel gekehrt». Oreste bricht schließlich gewaltsam die wachsende Spannung: «,Sehen wir, ob er antwortet', sagte Oreste und stieß einen Schrei aus. Aufwühlend, bestialisch, er begann wie Donnerhall und füllte Erde und Himmel, ein Stiergebrüll, das dann in einem wilden und trunkenen Lachen erlosch. Oreste entging durch einen Sprung meinem Tritt. Wir spitzten alle das Ohr. Jener Hund bellte aufs neue, die Grillen schwiegen erschreckt. Nichts».[6]

Schließlich gehen alle zum Wagen, und Oreste entdeckt, daß der junge Mann niemand anders ist als Poli, der Sohn eines Großindustriellen, der in seiner Heimat eine Villa mit einem endlosen Park besitzt. Langsam taucht Poli aus seiner dämmernden Müdigkeit auf. «In Turin warten sie auf mich,» sagte er. «Reich gewordene, unerträgliche Leute». Er sah uns mit jenen Augen wie ein verschämtes Kind an. «Wie widerlich sind gewisse Leute, die alles mit den Handschuhen machen. Auch die Kinder und die Millionen».[7]

---

[4] La bella estate (Il diavolo sulle colline, S. 91—220), a. a. O., S. 93.

[5] D. Fernandez (a. a. O., S. 194) weist darauf hin, daß das Auto bei Pavese zum «symbole fondamental de la frivolité et de la vacance du coeur» wird. Nach dem, was bereits in anderem Zusammenhang über die erstickende Wirkung der Stadt gesagt wurde, dürfte klar sein, daß bei Pavese das Auto nicht «joie et ivresse de la délivrance» sein kann, sondern «symbole de ce qui enferme l'homme, contrainte et supplice des camaraderies parallèles».

[6] La belle estate, a. a. O., S. 97.

[7] Ebenda, S. 100.

Der kokainsüchtige, lebensüberdrüssige Poli, der sich von seiner Umgebung lösen möchte, klammert sich an die drei Freunde, in deren Gesellschaft er die Möglichkeit für ein freies und ungebundenes Leben erblickt. Pieretto, der Städter, der durch Herkunft und Temperament am ehesten geeignet ist, den von seinem Milieu angeekelten Poli zu verstehen, nimmt ihn gegen die Anklagen der Freunde in Schutz. Die Geliebte des jungen Mannes, Frau Rosalba, geht mit den Freunden aus. Sie besuchen ein Luxus-Café, dessen Schilderung weniger soziale Polemik als eine Selbstverteidigung des an Vorstadtkneipen und Wirtshäusern gewöhnten Erzählers ist. Am nächsten Morgen erfahren die jungen Leute, daß die während der Nacht von Poli vernachlässigte Rosalba später auf den jungen Mann einen lebensgefährlichen Schuß abgab. Der Vater Polis spricht jedoch von Unfall und hintertreibt damit jeden öffentlichen Skandal.

An die im wesentlichen in Turin spielenden ersten acht Kapitel des Romans schließen sich sechs Kapitel über die gemeinsamen Ferien der drei Freunde in der Heimat Orestes, in denen eine Reihe von Motiven aus der «Feria d'agosto» und ganz besonders aus der «Storia segreta» anklingen. Dort war das Heiligtum in der Natur die Madonna della Rovere, hier ist es die Madonna d'agosto. Wie die städtischen Geranien Sandianas, so heben sich auch die Gartenblumen einiger Villen in der Heimat Orestes von dem umliegenden Land ab: «Das Dorf war eine steinige Gasse, die sich in einige Höfe und einige Villen mit Balkonen öffnete. Ich sah einen Garten voller Dahlien, Zinnien und Geranien — Scharlach und Gelb herrschten vor und Bohnen- und Kürbisblüten«.[8]

Der bereits in «Feria d'agosto» in einem kurzen Text als zentrales Motiv gestaltete Nudismus findet erst jetzt seine Funktion im Rahmen einer größeren Handlung. Im «Diavolo» stellen sich die nackten Körper geradezu herausfordernd der Natur gegenüber, es ist Hingabe an die Erde ohne Selbstverlust: «Dieser Schauer, nackt dazustehen und es zu wissen, uns allen Blicken zu verbergen, uns zu baden und uns wie Baumstümpfe bräunen zu lassen, war etwas Unheimliches: eher tierisch als menschlich. Ich beobachtete, wie in der hohen Wand des Felsspalts Wurzeln und Fasern wie schwarze Fangarme auftauchten: das innere, geheimnisvolle Leben der Erde».[9] Der mit der Natur nicht verwachsene Erzähler empfindet das geheimnisvolle Leben der Erde als etwas Fremdes und Unvertrautes, er ist nicht mit ihr verbunden wie Oreste, aber auch nicht losgelöst von ihr wie Pieretto, der bei einer Diskussion mit

[8] Ebenda, S. 119.

[9] Ebenda, S. 137.

Orests Vater meint: «Das Land machen die Menschen. Die Pflüge, die Sulfate, das Petroleum machen es.»[10]

Eine ganz besondere Rolle spielt in den Landschaftsschilderungen des «Diavolo» der Geruch: es handelt sich nun nicht mehr wie in den ersten Erzählungen um erdrückenden und lastenden Gestank, sondern fast immer um Wohlgeruch und Duft, also um ein befreiendes und lösendes Element, das der Landschaft einen neuen Zauber verleiht. Schon auf den ersten Seiten des Romans wird von dem Hügel bei Turin, auf dem sie Poli treffen, gesagt: «Er ist fern, aber hat jenen Geruch»[11] (Das Demonstrativpronomen wird bei Pavese häufig gebraucht, auch wenn es sich um Dinge handelt, von denen noch nicht die Rede war: das Unbekannte und oft das Rätselhafteste wird dadurch mit einer «mythischen» Note versehen.) Was Pavese von den Farben sagt, das gilt für ihn schlechthin von jeder sinnlichen Wahrnehmung:

«Für die Farben ist es leicht, Symbol zu werden. Sie sind die Eigenschaft, die an den Objekten am meisten in die Augen fällt, aber sie sind nicht die Objekte. Wenn du dich erinnerst, daß du einmal gesagt hast, der Mythos lebe in den Beiworten, so wären die Farben die Beiworte der Dinge. Reine Schöpfung.

Was du sagtest von der Musik (30. Juli 44): reine Empfindung, die Symbol sein will, kann man von allen reinen Empfindungen sagen: sie sind Symbole, die dazu neigen, sich an die Stelle der Natur zu setzen.» (Tg. 28. 1. 1945)

In diesem Sinne wird nach einem Gewitter die ganze Landschaft zu einem symbolischen Raum, dem sich alle Sinne aufschließen: «Es ging ein brausender Talwind, und die Wolken rasten. Das Meer der Hügel, fast schwarz, von weißlicher Kreide durchbrochen, schien näher als gewöhnlich. Aber nicht die Wolken, nicht der Horizont erstaunten mich. Ein toller Geruch von Fäulnis, Laub, zerquetschten Blüten überfiel mich, ein ätzender, fast salziger Geruch von Blitz und Wolken».[12]

Als die Freunde den von der Riviera zurückgekehrten Poli in der verwilderten und ausgedehnten Parklandschaft des Hügels Greppo wiederfinden, deutet bereits der Duft an, daß es sich um einen Bereich handelt, der sich von dem umliegenden Land, der Heimat des gesunden Oreste, abhebt: «Es war ein Geruch, der etwas von Auto, Flucht, Küstenstraßen und Gärten am Meer an sich hatte».[13]

Poli ist auf dem Greppo in Begleitung seiner Frau Gabriella, die beim ersten Besuch der Freunde plötzlich in weißen Shorts unter den

[10] Ebenda, S. 142.
[11] Ebenda, S. 95.
[12] Ebenda, S. 149.
[13] Ebenda, S. 158.

Bäumen auftaucht: «Wir sahen uns an. In der Stimme war die Dame unverkennbar. In diesem Augenblick schienen mir Pferd und Kutsche lächerlich.

«Wir suchen Poli», sagte Pieretto mit einem Lächeln, «wir sind» ...

«Poli?» die Frau hob die Brauen, fast beleidigt.

Um nicht ihre Beine anschauen zu müssen, sah ich auf die Seite, und soviel ist sicher, ich kam mir wie ein Bauer vor».[14]

Als der Erzähler später Gabriella wegen ihrer Flirts mit Oreste zur Rechenschaft ziehen will, schreckt sie ihn mit einem einfachen «Pardon?»[15] in seine ländliche und unbeholfene Schüchternheit zurück.

In den auf dem Greppo spielenden sechzehn Kapiteln (der Roman umfaßt insgesamt dreißig) zersetzt der nahende Tod langsam den gesundheitlich zerfallenden Poli, der in ergebnislosen Religionsgesprächen hinter den Sinn seines verfehlten Lebens zu kommen sucht und seinem Narzißmus durch eine mystische Verbrämung eine Rechtfertigung geben möchte. Die Krise findet ihre akute Zuspitzung, als eines Abends plötzlich zwei Wagen mit Mailänder Bekannten Polis ankommen (Mailand ist in den Romanen Paveses immer das Nonplusultra der Verstädterung): sie zerstören den scheinbaren Frieden der Landschaft, brechen wie von Jazz-Rhythmen in Extase versetzte Wilde in das künstliche Paradies des Greppo ein und lösen Menschen und Dinge in einen Wirbel von Namen und Beinen, Licht und Schall auf: man glaubt, einem zu schnell ablaufenden Film beizuwohnen, dem der Zuschauer nicht mehr folgen kann, da sich Stimmen und Bilder überschlagen und in optische und akustische Effekte zersplittern. Die Gesellschaft der Mailänder besteht nicht mehr aus Individuen. Jeder hat nur als Teil des Ganzen einen Sinn. Man glaubt zwar, eine in anarchischer Bewegung befindliche Masse vor sich zu sehen, aber in Wirklichkeit beherrscht der Rhythmus der Erzählung das Durcheinander wie der Rhythmus eines modernen Tanzes das nur scheinbar chaotische Durcheinander hinwirbelnder Körper und Gliedmaßen.

Filmische Effekte fehlen auch in den vorausgehenden Kapiteln nicht, und zwar immer da, wo das durch die Zivilisation brechende «Wilde» erscheint. So hat der nach einer nächtlichen Fahrt im Auto Polis erwachende Erzähler plötzlich den Eindruck, ins Bodenlose zu fallen: «Eine starke Erschütterung weckte mich, ein Stoß wie auf den Wellen eines Wirbels; dieser Alp dauerte seit einer Weile, und ein heller, tiefer Himmel öffnete sich oben, und es schien mir, als ob ich Hals über Kopf hineinfiele».[16] Die Perspektive ist also völlig verkehrt, das Obere wird

---

[14] Ebenda, S. 158.

[15] Ebenda, S. 202.

[16] Ebenda, S. 112.

das Untere, und es verwundert nicht, daß schließlich alle Gesetze der Schwerkraft aufgehoben scheinen: «Es war schön, in die Nacht hinauszutreten und an der Brüstung stehen zu bleiben. Die hinter mir gedämpfte Musik und der Lärm isolierten mich vor der Leere des Landes. Man schien unter den Sternen hinauszuschweben».[17]

Das über Poli drohende Ende wird von Pavese durch ein einfaches, aber umso wirkungsvolleres Mittel angedeutet: «Irgendein Idiot drückte draußen auf die Hupe eines der Autos, und dieser heisere, gewürgte Schrei ließ Poli erbeben. — ‚Die Posaunen des Gerichts', sagte er finster».[18]

Der Klang der Autohupe löst die lastende Spannung. Die Villa, die eben noch wie ein Luftschiff über der Landschaft schwebte, wird sozusagen leck, und das fast spukartige Verschwinden der Mailänder am nächsten Morgen wirkt wie die Flucht der Ratten aus einem sinkenden Boot.

Will man sich die Stellung des «Diavolo sulle colline» in Paveses Schaffen erklären, so muß man einem Bekannten des Dichters recht geben, der zu dem Roman bemerkte, er werde weder den Proletariern noch den Bürgerlichen gefallen (Tg. 18. 12. 1948 und 8. 1. 1949). Pavese glossierte diese Feststellung mit einem lakonischen «gut», in dem man ein selbstsicheres Beharren auf einer um ideologische Gesichtspunkte unbekümmerten Position erblicken darf.

Es wäre verfehlt, wollte man «Il diavolo sulle colline» in erster Linie als eine gegen die Dekadenz der hinter Poli stehenden großbürgerlichen Gesellschaftskreise geschriebenen Roman erblicken. Der Erzähler und seine Freunde sind zu sehr von dem mondänen Duft dieses Milieus fasziniert, um sich in einen sozialkritischen Abstand begeben zu können. Im Grunde genommen handelt es sich um die Wiederaufnahme der Situation in «Primo amore», wo der Knabe, von dem blonden Mädchen aus der Villa bezaubert, diese unter jedem Vorwand umkreist. Im «Diavolo» fehlt allerdings der Naturalismus der «Ersten Liebe», alles ist ausgewogen und im Gleichgewicht: das Rohmaterial der «Feria d'agosto» ist nun mit der größten Meisterschaft verarbeitet.

---

[17] Ebenda, S. 211.

[18] Ebenda, S. 216.

## DIE HEIMKEHRER

### «*Tra donne sole*» und «*La luna e i falò*»

«Ripeness ist all» (Motto zu «La luna e i falò»)
Etwas geschrieben haben, daß du dir hernach vorkommst wie ein abgefeuertes Gewehr, noch erschüttert und erhitzt, von deinem ganzen Selbst entleert, wo du nicht nur alles abgeschossen hast, was du von dir selber weißt, sondern auch das, was du vermutest und voraussetzt, und die Erschütterungen, die Einbildungen der Phantasie, das Unbewußte — es getan haben mit langer Mühe und Spannung, mit tagelangen Überlegungen und Schaudern und plötzlichen Entdeckungen und Niederlagen und dem Sichversteifen des ganzen Lebens auf jenen Punkt — merken, daß all das so gut wie nichts ist, wenn ein menschliches Zeichen, ein Wort, eine Gegenwart es nicht aufnimmt, es wärmt — und vor Kälte sterben — zu einer Wüste sprechen — allein sein Nacht und Tag wie ein Toter. (Versuchung eines Schriftstellers, Tg. 27. 6. 1946)

Mit dem vorletzten Roman «Tra donne sole» (Unter Frauen) versetzte sich Pavese noch einmal in die Perspektive des anderen Geschlechts; dieses Mal handelt es sich nicht um ein Mädchen, das zum ersten Mal Frau zu sein versucht, wie in «La bella estate», sondern um eine Turinerin, die in Rom Karriere machte, ohne dabei ihre Unabhängigkeit zu verlieren und nun im Auftrag ihrer Firma in ihre Heimatstadt zurückkehrt, um dort die Eröffnung eines Modegeschäfts vorzubereiten.

Heimkehr aus der Fremde, das war schon das Thema der «Mari del Sud» und ist nun auch der Inhalt von Paveses beiden letzten Romanen. Der Dichter gab sich in den letzten Jahren vor seinem Tod mit einer geradezu kindlichen Freude dem Hochgefühl hin, allen Schwierigkeiten zum Trotz zu Ruhm und Ansehen gelangt zu sein. Er war sich bewußt, seine Form nun sicher zu beherrschen und auch für andere Meister und Vorbild geworden zu sein. Als ihm seine Kollegen am Verlag Einaudi nach dem Erscheinen der «Bella estate» ein kleines Fest veranstalten, gibt er dem jungen Italo Calvino von der Höhe seines Alters herab Ratschläge und entschuldigt sich sozusagen, daß er vorzüglich arbeite:

«Hat mir jemals jemand diese Rede gehalten, als ich fünfundzwanzig war? Nein, ich bin aufgewachsen in einer wilderness, ohne mich irgendwo anhängen zu können, mit dem Stolz, mein Atoll in diesem Unbekannten zuzubereiten und eines Tages loszuspringen und dann, wenn die andern es merken würden, schon ganz groß zu sein. Es scheint, daß es mir glückt. Es ist meine Kraft (darum eben will ich ein Buch von mir andern nicht vorlesen noch auch beschreiben, ehe es beendet ist) (Tg. 24. 11. 1949).[1]

Fast knabenhaft stolz bezeichnet der Dichter sich als ‚Diktator im Verlag' (Tg. 31. 12. 1948), mißt sich nun mit seinen Zeitgenossen und bemerkt selbstsicher, Vittorinis amerikanischer Ruhm mache ihn nicht neidisch, er habe keine Eile, denn auf die Dauer werde er ihn schlagen (Tg. 29. 12. 1949).

Freilich, in dieses Hochgefühl mischt sich die Angst, der Gipfel seiner Laufbahn sei nun erreicht und der Monolith ausgebeutet. Das Gefühl, nicht mehr am Anfang zu sein, das für den Künstler zum Unerträglichsten gehört (Tg. 17. 10. 1935), überkam ihn, und mit einem gewissen Unbehagen bemerkte er bei der Niederschrift von «Tra donne sole» die «zur Gewohnheit gewordene Inspiration» (Tg. 25. 3. 1949), die «außerordentliche, verdächtige Leichtigkeit», mit der er die letzten Kapitel niederschreibt (Tg. 26. 5. 1949). Als wahres exploit (Tg. 17. 11. 1949) empfindet der Dichter schließlich die im Herbst 1949 in wenigen Wochen erfolgte Abfassung seines letzten Romans «La luna e i falò».

Die Protagonistin Clelia in «Tra donne sole» ist jene selbstsichere Frau, welche die Schneiderin Ginia in «La bella estate» zu werden wünschte. Sie kehrt zwar in ihre Heimat zurück, aber im Gegensatz zu Paveses Männern gelingt es ihr nicht, die Welt ihrer ärmlichen Kindheit und damit sich selbst wiederzufinden. Sie wird in den Strudel der Karnevalsveranstaltungen gerissen, obwohl sie das Gebaren der mondänen Kreise, mit denen sie beruflich zu tun hat, anekelt. Clelia reagiert mit einer gewissen Kaltschnäuzigkeit und einem saloppen Ton auf den Klatsch der durch ihren Traditionalismus und Snobismus gekennzeichneten Turiner Gesellschaft. Im Munde Clelias kommen die romantischen «chi sa dove?» und «chi sa quando?», die den Stil zahlreicher Romane Paveses kennzeichnen, nicht vor, denn sie versichert sich immer wieder, daß sie den Boden nicht unter den Füßen verliert. Sie hält sich an das Naheliegende, an das mit so viel Opfern errungene materielle Glück, und dankbar denkt sie, während sie in ihrem eleganten Hotel badet, solange es ein Bad gebe, sei das Leben lebenswert.

[1] In welchem Umfang Pavese (neben Vittorini und Moravia) für die italienische Nachkriegsgeneration Vorbild und Meister geworden war, das zeigt die von Carlo Bo durchgeführte «Inchiesta sul Neorealismo» (Edizioni RAI 1951).

Diese utilitaristische Betrachtungsweise, die nach Pavese auch den Olympiern zukommt, war eben jene Sicherheit, die er zeit seines Lebens erstrebte, jene Gefühllosigkeit, die er vor allem bei den Frauen vermutete: «Am Abend von Faschingsdienstag, als Vaters Zustand sich verschlechterte, so daß er bald darauf starb, weinte ich vor Wut, und ich haßte ihn, wenn ich an das Fest dachte, das ich versäumte».[2]

Clelia ist ohne Sentimentalität (lediglich die Erinnerung an ihre trostlose Kindheit ist nicht frei davon), ein gewisses soziales Ressentiment, zu dem der Hochmut der begehrten Frau kommt, gibt ihren Antworten eine bittere und sarkastische Schärfe oder geradezu einen dirnenhaften Ton. Sie wimmelt verschiedene Männer ab und berichtet dies in so unübersetzbaren Wendungen wie «lo spedii»[3] oder «lo seminai con una scusa».[4]

Im «Mestiere di vivere» ist uns die erste Fassung des Weihnachten 1948 notierten «Auftakts» erhalten:

«Ich zog in Turin im Karneval ein, wie einst die Studenten und die Gaukler taten ...»[5]

Im Roman lesen wir:

«Ich traf in Turin unter dem letzten Schnee des Januar ein, wie es den Gauklern und Torroneverkäufern geschieht. Ich erinnere mich daran, daß Karneval war, als ich ...»[6]

Schon an Hand dieser knappen Vergleichsunterlage läßt sich feststellen, in welcher Richtung Pavese den Text abänderte. Das triumphierende und gespreizte «entrai» der Heimgekehrten wird gedämpft zu einem unauffälligen «arrivai», das etwas hochtönende «come un tempo facevano», zu einem nach wie vor gültigen «come succede», das der Rückkehr Clelias einen weniger «mythischen» Charakter gibt. Die Angabe des Monats und der Hinweis auf den Schneefall bereiten die Erinnerung an die festliche Zeit des Karnevals mit kalenderhafter Nüchternheit vor; die «Studenten», die wohl kaum der Erlebniswelt Clelias angehören dürften, werden ersetzt durch die Torroneverkäufer, die mit ihrer warmen und duftenden Ware die Kälte des Winters um so mehr zu Bewußtsein bringen und die Vergangenheit und Kindheit ins Gedächtnis rufen. Durch diese Änderungen, den Hinweis auf den Schnee und das typische Nougatgebäck, wurde aus Turin eine Stadt, die fast jeder Italiener auch ohne Nennung des Namens erkennen würde.

---

[2] La bella estate (Tra donne sole, S. 221—342), a. a. O., S. 224.

[3] Ebenda, S. 336.

[4] Ebenda, S. 307.

[5] Ch. Birnbaum hat: «Ich traf ein».

[6] La bella estate, a. a. O., S. 221.

Der Aufbau des Romans erinnert — wenigstens wenn man die aus einer reichen Familie stammende Selbstmörderin Rosetta wie den süchtigen Poli als eigentlichen Protagonisten betrachten will — an den «Diavolo sulle colline», wo das erste Erscheinen des rauschgifttrunkenen jungen Mannes mit dem abwesenden Blick bereits seinen endgültigen Zusammenbruch vorausnimmt. Ganz ähnlich wird in «Tra donne sole» Clelia kurz nach ihrer Ankunft in Turin zufällig Augenzeugin, wie ein scheinbar totes Mädchen aus einem Hotelzimmer getragen wird. Clelia lernt bald darauf Rosetta mit ihren herzlosen (zum Teil lesbischen) Freundinnen kennen und macht auch ohne ihr Zutun die Bekanntschaft mit ihrem monomanen Geliebten, einem Maler. Obwohl sich Clelia etwas des Mädchens annimmt, kann sie es nicht verhindern, daß es sich dann doch das Leben nimmt.

So wenig der Anschein zunächst dafür sprechen mag, so hat Pavese doch mit «Tra donne sole» einen seiner autobiographischsten Romane geschrieben. Die scheinbare Selbstsicherheit Paveses, die auf dem Bewußtsein der überwundenen Schwierigkeiten beruhte, fand in Clelia ihren Niederschlag, wie auch seine auf sexueller Ebene postulierte Unabhängigkeit (Clelia «schenkt sich» einmal dem kommunistischen Arbeiter Becuccio, der eine Art soziales Gewissen angesichts des unverantwortlichen und perversen Treibens der jungen Turinerinnen und ihrer Verehrer darstellt); andererseits gestaltete er in Rosetta die Jugendliche, der es nicht gelingt, Frau zu werden und daher nur im Selbstmord einen Ausweg zu finden glaubt. Durch das Miauen und Kratzen einer Katze wird man auf die Stille im Zimmer der Toten aufmerksam. Dieses Ende Rosettas ist geradezu die Vorausnahme des Gedichttitels «The cats will know» aus dem Todesjahr des Dichters.

Während Clelia ihre Kindheit nicht wiederfindet, ist der Protagonist von Paveses letztem Roman «La luna e i falò» (Der Mond und die Johannisfeuer) des Dichters ausgeglichenste Gestalt: in ihm kehrt zum allerletzten Mal der Vetter der «Mari del Sud»[7] wieder. Er sucht wie Corrado in «La casa in collina» seine Kindheit wieder, jedoch ohne sich an sie zu verlieren, und hat jene männliche Herzlichkeit, die man in der kalten Welt der Frauen vergeblich suchen würde.

---

[7] In einer Artikelserie der Mailänder «Unità» (1. 8. 57, 3. 8. 57, 6. 8. 57, 8. 8. 57) weist Mario Schettini darauf hin, daß ein weitgereister Vetter, bei dem Pavese Englisch lernte, das Vorbild für den cugino der «Mari del Sud» war. Federica Pavese, die Tochter dieses Verwandten, versichert, der Dichter habe sich jahrelang nicht in seiner Heimat gezeigt, während er in seinen letzten Lebensjahren häufig nach S. Stefano kam, wo er wie der reichgewordene Protagonist von «La luna e i falò» gefeiert wurde, so daß sich Pavese «wie Rita Hayworth» vorkommt (aus einem der zahlreichen unveröffentlichten Briefe an Federica Pavese).

«La luna è i falò»[8] ist auf engstem Raum eine künstlerische Synthese von Paveses literarischem Kosmos und zugleich trotz der Kürze des Werkes (die italienische Ausgabe hat 169 Seiten) eine perspektivisch aufs reichste gestaltete «Suche nach der verlorenen Zeit». Anguilla, ein in den Langhe als Bauernknecht aufgewachsener Bankert erzählt in der ersten Person von seiner Heimkehr nach dem zweiten Weltkrieg. Als politischer Flüchtling ist er in Amerika reich geworden, und nun tastet er sich an den alten Stätten wieder an seine Kindheit heran. Freilich, für den Bankert ist es ein aussichtsloses Beginnen, den Ort seiner Herkunft genau zu bestimmen, seine Geburt ist vielleicht mit keinem der von ihm genannten Namen verbunden:

«Ich weiß schon, warum ich in dieses Dorf zurückgekehrt bin und nicht etwa nach Canelli, Barbaresco oder Alba. Geboren bin ich hier zwar nicht, das ist nahezu sicher. Wo ich geboren bin, weiß ich nicht — hier jedenfalls sagt kein Haus, kein Stück Land oder Totengebein: «Du gehörst mir, noch ehe du geboren warst». Ob ich oben von den Höhen komme oder vom Tal, aus den Wäldern oder aus einem Hause mit Balkonen — ich weiß es nicht. Das Mädchen, das mich auf den Stufen vorm Dom von Alba verließ, kam vielleicht auch nicht vom Lande, vielleicht war sie die Tochter eines Herrn, der einen Palast besitzt; oder es haben mich gar zwei arme Frauen aus Monticello, Neive oder — warum nicht? — aus Cravanzana dorthin gebracht, in einem Weinlesekorb.»

Der Versuch des Erzählers, den Ort seiner Herkunft zu bestimmen, öffnet den Raum seiner Heimat nach allen Seiten hin, und seine Geburt erhält dadurch einen Schimmer mythischer Rätselhaftigkeit. Das einleitende «Wo ich geboren bin, weiß ich nicht — ...» geht über in ein vorsichtiges und zweifelndes «Ob ich ... ich weiß es nicht». Dieser zögernde Stil des «Auftakts» beherrscht die ganze Erzählung, denn Anguilla ist voll ehrfürchtiger Scheu gegenüber seiner Heimat, die das Wesentliche seines eigenen Selbst enthält. Rückkehr in die Langhe, das bedeutet für ihn nicht Heimkehr zu Eltern und Geschwistern, sondern

[8] Die erste Auflage erschien 1950 bei Einaudi in Turin. — Ich zitiere nach der deutschen Übersetzung von Charlotte Birnbaum (Der junge Mond, Hamburg 1954), welche Stil und Kadenz des Originals trefflich wiedergibt, aber nicht frei von verschiedenen sinnstörenden Fehlern ist: «M'ero sempre aspettato qualcosa di simile» (S. 11), heißt nicht «Immer habe ich etwas erwartet wie früher ...» (S. 10), sondern «Immer hatte ich etwas Derartiges erwartet». Ein falsches Bild vom Charakter der beiden Männer entsteht, wenn die Übersetzerin «Ne parliamo ogni tanto, e lui ride» (S. 13) mit «Wir sprechen immerzu davon, und er lacht» (S. 13) wiedergibt statt mit «Wir sprechen ab und zu davon, ...». «... la confusione e il baccano della piazza, avrebbero mimetizzato anche un negro» (S. 14) heißt nicht «, ... hätten auch einen Neger begeistert» (S. 14), sondern «... hätten auch einen Neger getarnt».

Einkehr in sich selbst, Versenkung in den Wurzelgrund aller künftigen Entwicklung.

Diese Suche nach der unveränderlichen mythischen Zeit der Kindheit findet ein Gegengewicht in Anguillas Gesprächen mit dem Jugendfreund Nuto[9], der immer wieder auf die jüngsten geschichtlichen Ereignisse, die Partisanenkämpfe und das soziale Elend die Sprache bringt, und dadurch den nach rückwärts in die Vergangenheit blickenden Freund auf die dringenden Erfordernisse der Zukunft hinweist. Nuto ist ein gelungener Pablo: in ihm wird jene Gestalt wiederaufgenommen, die bereits in dem frühen Gedicht «Fumatori di carta» (1932) fest umrissen wurde: nicht das Schicksal, sondern der Mensch selbst ist für die Leiden der Welt verantwortlich, verkündet Nuto wie der Klarinettist in «Lavorare stanca».

Bereits im ersten der 32 Kapitel zu je etwa fünf Seiten[10] wird der Raum des Romans abgegrenzt: die vom Erzähler genannten Dörfer, Orte und Hügel bleiben zwar zunächst bloße Namen, aber sie füllen sich im Lauf der Erzählung immer mehr mit ereignisreicher und erinnerungsschwerer Bedeutung, ihre symbolische Strahlungskraft wird immer stärker, so daß ihre Funktion der von Leitmotiven in der Musik entspricht. Die oberste erzählerische Instanz bleibt von Anfang bis zum Schluß des Romans das erinnernde Ich des früheren Bauernknechts Anguilla, das jede an Proust oder Thomas Mann erinnernde intellektuelle Spielerei mit dem Gegenstand und dem Aufbau des Romans ausschließt. Ein mit den theoretischen Schriften Paveses nicht vertrauter Leser dürfte sich daher kaum Rechenschaft darüber geben, daß der Roman bis in die kleinsten Einzelheiten hinein die strenge Struktur einer Partitur besitzt.[11]

Der Erzähler berichtet im Anschluß an die bereits zitierten einleitenden Sätze, wie er bei einem ersten Besuch «vor einem Jahr» die Haselbüsche um den Pachthof Gaminella, wo er als Bankert seine Kindheit verbrachte, nicht mehr fand:

«Diese Veränderung entmutigte mich dermaßen, daß ich nicht rief und nicht auf die Tenne trat. Ich begriff augenblicklich, was es heißt,

[9] Bis in Einzelheiten stimmen die Lebensumstände und der Charakter Nutos mit denen des Böttchers Giuseppe Scaglione in S. Stefano, einem engen Freund Paveses überein (Cfr. Marco Nozzas Artikel im «Europeo» vom 14. 9. 1958).

[10] Emilio Cecchi wies als erster auf die merkwürdige Tendenz in Paveses letzten Romanen hin «ad una formazione per scene e capitoletti staccati, quasi sempre di rigorose quattro pagine, che rispondeva al bisogno di una accentuata scansione ritmica» (E. C.: Cesare Pavese, Paragone, Aug. 1950, S. 18—22; S. 20).

[11] Den strengen Aufbau des Romans übersah vollkommen Basil Davidson, der daran «faults of construction, occasional annoyances of repetition» beanstandete (The New Statesman and Nation, April 1951, S. 418).

an einem Ort nicht geboren zu sein, ihn nicht im Blut zu haben, sich nicht da, wo schon die Alten begraben sind, dem Tode zu nähern, so daß es nicht wichtig ist, wenn das Land einmal anders bebaut wird.»[12]

Die im ersten Kapitel genannten Namen umreißen im wesentlichen den Raum, in dem sich das Leben des Erzählers abspielt, denn selbst Genua und Amerika gehören noch irgendwie in die Welt des Kindes, die sich in Nutos Haus am Salto und bei den seltenen Besuchen in Canelli ins Unendliche geöffnet hatte:

«So habe ich lange geglaubt, dieses Dorf, in dem ich nicht geboren bin, sei die ganze Welt. Nun ich die Welt wirklich gesehen habe und weiß, sie besteht aus vielen kleinen Dörfern, weiß ich nicht, ob ich als Junge mit diesem Glauben so sehr unrecht hatte.»[13]

Die erste Wiederbegegnung Anguillas mit der Welt seiner Kindheit verläuft ohne die Haselnußsträucher, mit denen die Erinnerung an die Vergangenheit unlöslich verbunden ist, geradezu ergebnislos. Erst im folgenden Jahr gelingt es durch einen Zufall, den zeitlichen Abstand, der das erinnernde Ich von dem zu erschließenden Ich noch trennt, zu überbrücken. Anguilla trifft nämlich in einem Augenblick ein, als die historische Zeit aufgehoben ist und nur die unwandelbare und heilige Zeit der Jahreszeiten und Feste herrscht:

«Ich war gekommen, um mich vierzehn Tage zu erholen, im August, und kaum bin ich da, so feiert man die 'Madonna d'agosto'. Umso besser! ... Der gleiche Lärm, der gleiche Wein, die gleichen Gesichter wie dazumal. Die Schlingel, die den Leuten zwischen den Beinen herumliefen, waren die gleichen; ...»[14]

Die ewige Wiederkehr der Feste mit ihrem unveränderlichen Trubel heben den zeitlichen Abstand, den die abgeholzten Haselnußsträucher so brutal in Erinnerung gerufen hatten, wieder auf, und das Tor zur Vergangenheit öffnet sich ohne persönliches Zutun des Erzählers. Auf den zentralen Teil des Romans, auf die Jahre, die Anguilla auf dem Landgut Mora verbrachte, wird zunächst nur andeutend hingewiesen. Dadurch werden die Schicksale, die mit diesem Namen verknüpft sind, in eine geheimnisvolle Atmosphäre getaucht, die durch die Erwartung des Lesers immer mehr angereichert wird. Episoden über Nutos Tätigkeit als Musikant (I, II, III, IV), über die Begegnung mit einem Landsmann in Amerika, der von Nuto berichtet (III), über Gespräche mit dem Cavaliere, dem letzten Vertreter einer untergehenden Gesellschaftsschicht (VIII), über Canelli (X), über Amerika (IX), über die Auffindung zweier von den Partisanen erschossener Faschisten und der deshalb

[12] Der junge Mond, a. a. O., S. 10.
[13] Ebenda, S. 11.
[14] Ebenda, S. 14.

vom Dorfpfarrer in die Wege geleiteten Polemik (XII, XIII) und vor allem über die Begegnung des Erzählers mit dem verkrüppelten Jungen Cinto im Gehöft Gaminella (V, VI, VII, IX) werden eingeschaltet, ehe ab Kapitel XIV die mit der Mora verknüpften Erinnerungen vorherrschen. Aber auch dann werden noch Episoden aus anderen Zeiträumen und Lebensstationen eingeschoben: über einen gemeinsamen Besuch Anguillas und Nutos bei dem durch das Pächterelend halb vertierten Vater Cintos, Valino (XIV), der aus Verzweiflung die beiden mit ihm lebenden Frauen zu Tode prügelt, das Gehöft anzündet und sich erhängt (XXVII), über Genua und Amerika (XXI) und schließlich über den Partisanenkrieg 1943/45, wo die jüngste Geschichte der Langhe mit dem Schicksal der letzten Tochter der Mora verschmilzt (XXXI, XXXII).

Die Begegnung Anguillas mit dem Knaben Cinto, der ihm von seiner Welt, seinen Erlebnissen, seinen Verstecken und den Wutausbrüchen des Vaters berichtet, bedeutet für den Erzähler das Wiederfinden seines einstigen Weltbilds, die Möglichkeit, die Dinge noch einmal mit den Augen von früher zu sehen, wenn es auch um den teuren Preis geschieht, daß heute wie ehedem Kinder im tiefsten sozialen Elend aufwachsen. Die sakrale, mythische Zeit, die dem Erzähler beim Fest der Madonna d'agosto den Zugang in die eigene Vergangenheit ermöglichte und es ihm nun sogar erlaubt, sich selbst in einem Jungen wiederzufinden, erscheint angesichts der schmerzlichen Erinnerungen als die Ursache für erlittenes Unrecht. Der elegische Bezug Anguillas zur eigenen Vergangenheit verleitet ihn allerdings immer wieder dazu, einen Zugang zu ihr offen zu halten:

«Was würde ich dafür geben, könnte ich die Welt mit den Augen von Cinto noch einmal sehen, könnte ich, wie er, in Gaminella wieder anfangen, meinetwegen auch mit diesem Vater, vielleicht gar mit diesem Bein — nun ich so vieles wußte und mich wehren konnte. Es war gar nicht Mitleid, was ich für ihn empfand, manchmal beneidete ich ihn.»[15]

Erst der Gewaltakt Valinos, dem Cinto mit knapper Not entgeht, zeigt, wie recht Nuto hat, wenn er dagegen polemisiert, daß die Leute auf diesen Höhen noch immer leben «wie das Vieh, nicht wie Menschen, daß der Krieg rein gar nichts genutzt habe und daß alles sei wie zuvor, wenn man absehe von den Toten».[16] Nuto gibt daher dem verwaisten Jungen die konkrete Möglichkeit, sich endgültig von dem Elend loszulösen, zu dem ihn das Schicksal zu verdammen schien: er nimmt Cinto in sein Haus am Salto, an der Straße nach Canelli, dem letzten Dorf

[15] Ebenda, S. 126.
[16] Ebenda, S. 67.

im Belbotal, «wo nicht die Jahre, sondern die Jahreszeiten aufeinanderfolgten», und wo die Straße begann, «die nach Genua und dann wer weiß wohin führte».[17]

Die Beschwörung der Jahre auf der Mora, die sich immer mehr als das eigentliche Anliegen des Erzählers enthüllt, ruft jene Zeit in Erinnerung, in der «alles der Jahreszeit entsprechend getan wurde», denn «jede Jahreszeit hatte ihren Brauch und ihr Spiel, je nach den Arbeiten und Ernten, nach Regen oder heiterem Himmel».[18] Das elegische Bewußtsein, «daß Wachsen in die Fremde gehen bedeutet, alt werden, sterben sehen, die Mora so wiederfinden wie jetzt»,[19] färbt wehmütig auf die Erinnerung an die Zeiten ab, als auf der Mora noch Sor Matteo mit seinen Töchtern aus erster Ehe, der dunkelhaarigen, leidenschaftlichen Silvia und der blonden, sanften Irene lebte, und Santina, die Tochter der zweiten Frau und Sor Matteos, noch Kind war. Wortkarg und behutsam entwirft der Erzähler die Gestalten dieser Mädchen, die mit ihren städtischen, aus Canelli bezogenen Kleidern und ihren Sonnenschirmen auf den Bauernknecht von damals so vornehm wirkten, daß er kaum zu ihnen den Blick zu erheben wagte. Nur durch Geste und Gebärde und durch sein Interesse an ihrem erlauschten und ängstlich verfolgten Schicksal bringt er seine sich selbst und den anderen uneingestandene Neigung zu ihnen zum Ausdruck: Irenes unglückliche Liebe zu einem Adligen, ihre Erkrankung an Typhus und ihre späte Heirat mit einem herzlosen Mann, Silvias Lebenshunger und ihr früher Tod infolge einer gewaltsam unterbrochenen Schwangerschaft, das alles wirkt im Munde Anguillas wie eine Ballade aus fernen Zeiten. Im 30. Kapitel, als der Leser bereits um den Untergang der beiden Mädchen weiß, ruft der Erzähler sie noch einmal in ihrem ganzen jugendlichen Zauber in Erinnerung; nun verklärt das Wissen um das ihnen Bevorstehende auch noch ihre Eitelkeit, ihre Schwächen und ihre Torheit. Wie tief diese schönste Erinnerung des einstigen Bauernknechts mit seinem Innersten verknüpft ist, das zeigt sich eben daran, daß er erst im letzten der den beiden Mädchen gewidmeten Kapitel die Erinnerung an den mit ihnen in Buon Consiglio verbrachten Tag und die gemeinsame nächtliche Heimkehr preisgibt:

---

[17] Ebenda, S. 70. — In Anguilla und Nuto fand das Wechselverhältnis von mythischer und historischer Zeit, das bei Pavese nicht selten auseinanderklafft, seinen gelungensten Ausdruck. Über diese «intuizione del mondo in due tempi» cfr. Giuliano Manacorda: Pavese poeta saggista e narratore Società 1952/2, S. 220/237; S. 225.

[18] Der junge Mond, a. a. O., S. 131.

[19] Ebenda, S. 94. — Ch. Birnbaum übersah das wichtige «in die Fremde gehen».

«Im hellen Schein der Azetylenlampen fuhren wir los; dann auf der dunklen Straße fuhr ich langsam bergab und horchte auf die klappernden Hufe. Der Mädchenchor hinter der Kirche sang noch immer. Irene hatte sich in einen Schal gewickelt, Silvia schwatzte und schwatzte... Ganz allmählich wurde Silvia stiller und dann in einem schönen Augenblick[20] legte sie den Kopf an meine Schulter, lächelte mich an und fragte, ob sie das tun dürfe, während ich kutschierte. Ich hielt stumm die Zügel und sah auf die Ohren des Pferdes.»[21]

Die bleiche Irene und die impulsive Silvia erinnern an Gestalten der Gedichte Gozzanos und die Mädchen auf den Bildern der lombardischen Macchiaioli,[22] an die Gemälde des sentimentalen Cremona und des weichen Ranzoni, auch weil die beiden Töchter des Sor Matteo sich nicht unmittelbar vor uns bewegen wie die Frauen in den anderen Romanen Paveses: die sehnsüchtigen Träumereien Irenes und die tollen Entschlüsse Silvias steigen erst langsam aus dem Dunst der Vergangenheit; sie sind gereinigt in dem Doppelfilter des einstigen sozialen Abstands und der gegenwärtigen zeitlichen Ferne. Der stockende Bericht des Erzählers, das langsame Umkreisen der Stätten seiner Erinnerung verhindern jede sentimentale Entgleisung. Dies gilt auch für den Bericht Nutos über den Tod der schönen Santa, den wir erst am Ende des Romans erfahren. Das Wissen um die Hinrichtung der jungen Frau, die sich den Faschisten als Spionin zur Verfügung stellte, bis sie von den Partisanen entlarvt und in Nutos Gegenwart erschossen wurde, lastet so schwer auf ihm, daß er bei einem ersten Versuch, Anguilla darüber zu erzählen, nicht über ein paar unzusammenhängende Andeutungen hinwegkommt: Erst kurz vor Anguillas Abreise aus den Langhe würgt sich Nuto die Erzählung von Santas Tod von der Seele. Auf die Frage, ob man Santa nicht vielleicht eines Tages finde, wie die beiden Leichen der von den Partisanen erschossenen Faschisten, schüttelt Nuto den Kopf:

«Nein, Santa findet niemand», sagte er, «Santa nicht. Eine Frau wie sie konnte man nicht einfach mit Erde bedecken und liegen lassen. Sie hätte noch zu vielen Appetit gemacht. Baracca wußte, was er tat. Er ließ im Weinberg eine Menge Reisig schneiden und sie damit bedecken,

---

[20] Ch. Birnbaum übersetzt «un bel momento» mit einem nicht sinngerechten «wie schön», das sich im Munde Nutos ohnehin etwas schief ausnimmt.

[21] Der junge Mond, a. a. O., S. 201 f.

[22] Wie wenig man in Deutschland bis jetzt von dieser Malerei Kenntnis nahm, das zeigt die 1952 erschienene «Geschichte der modernen Malerei» von P. F. Schmidt, derzufolge für die Kunstentwicklung seit 1850 fast nur noch Frankreich und Deutschland in Frage kommen (Cfr. die Polemik von Giuseppe Delogu in der reich illustrierten «Pittura italiana dell'Ottocento», Bergamo 1955).

bis der Berg groß genug war. Dann schütteten wir Benzin darüber und zündeten an. Zu Mittag war alles Asche. Noch im nächsten Jahr war die Stelle zu erkennen, sie sah aus wie die Brandnarbe eines Johannisfeuers.»[23]

Der Feuertod im Weinberg rückt die Frau in den Umkreis des Dionysos, der ja «die unendliche Tiefe des mit dem Tod vermählten Lebens» verkörpert und «der gejagte Jäger ist, der Überwältigte, Zerrissene und wieder Auferstandene».[24] Von hier aus öffnet sich am ehesten der Zugang zum Titel des Werkes,[25] auf den verschiedene Stellen und Gespräche des Romans hinweisen, wie auch eine bereits am 1. Juli 1942 in S. Stefano aufgezeichnete Notiz im «Mestiere di vivere». Sie ist offensichtlich die Voraussetzung für das Gespräch, das Nuto mit Anguilla über dieses Thema führt:

«Nuto erwiderte kein Wort. Ich hatte schon gemerkt, daß er nicht gern von der Mora sprach. Soviel er mir auch erzählte von seinen Musikantenjahren — unsern ältesten Gesprächsstoff, den aus der Zeit der gemeinsamen Jugend, wußte er zu vermeiden, oder er nahm ihn auf seine Weise auf, indem er eine Erörterung daraus machte. Diesmal blieb er still, schürzte die Lippen und hob erst den Kopf, als ich ihm die Geschichte von den Sonnenwendfeuern auf den Stoppeln erzählte. «Die Leute tun sicher gut daran», sagte er plötzlich. «Sie wecken die Erde».

«Das ist mir neu», sagte ich. «Dann glaubst du wohl auch an den Mond?»

«An den Mond», sagte Nuto, «muß man selbstverständlich glauben. . . .»[26]

Das Doppelsymbol Mond und Johannisfeuer, das auf das zyklische Werden und Vergehen der Jahreszeiten hinweist, entnahm Pavese vielleicht nicht so sehr dem Folklore seiner Heimat als vielmehr seinen religionswissenschaftlichen Studien.[27] Dies wurde dem Dichter nicht nur

---

[23] Der junge Mond, a. a. O., S. 215.

[24] W. F. Otto: Theophania, a. a. O., S. 116.

[25] Das Doppelsymbol Mond und Johannisfeuer geht durch den nichtssagenden Titel der deutschen Ausgabe verloren.

[26] Der junge Mond, a. a. O., S. 62.

[27] Einen Hinweis auf den Titel des Romans gibt wohl Adolf E. Jensens Werk über «Das religiöse Weltbild einer frühen Kultur» (Stuttgart 1947), das 1952 in der von Pavese geleiteten religionswissenschaftlichen Reihe des Verlags Einaudi erschien. Jensen weist unter anderem darauf hin, wie von den Primitiven das ewige Zu- und Abnehmen des Mondes als Selbstverbrennung betrachtet wird (ital. Ausgabe, S. 122).

[28] Enzo Noë Girardi sieht das Gleichgewicht des Romans durch die Projektion des inneren Mythos des Dichters auf eine Außenwelt wirklicher Gestalten und Dinge gestört (a. a. O., S. 4).

von den Vertretern und Verfechtern des Neorealismo vorgeworfen.[28] Mag es sich bei Nutos Aberglauben auch um Gedankengänge handeln, die einer volkskundlichen Nachprüfung nicht standhalten, so sind sie vom Ästhetischen her doch nur dann zu verurteilen, wenn sie in dem von einem Nicht-Intellektuellen erzählten Roman als gelehrter Exkurs und nicht einfach als durchaus möglicher Überrest eines primitiven Bewußtseins erschienen.

Bei der Heimkehr Clelias in «Tra donne sole» fehlt jene elegische Note, die Paveses letzten Roman dichterisch in so vollendeter Weise verklärt: «unter Frauen» mißt man sich, behauptet man sich, beutet man sich aus, «unter Männern» herrscht hingegen jugendliche Freundschaft wie im «Diavolo sulle colline» oder bei allen Meinungsverschiedenheiten wortkarge Einmütigkeit wie zwischen Nuto und Anguilla. Clelia sieht sich bei den Turiner Veranstaltungen Gesichtern gegenüber, die sich zwischen sie und ihre Vergangenheit schieben, während Anguilla auf Schritt und Tritt seiner Kindheit begegnet. Die eifersüchtige, zungenfertige, immer auf das Naheliegendste bedachte Frauenwelt Turins hat wenig zu tun mit der wehmütigen «Ballade du temps jadis» vom Schicksal der Mora-Töchter.

Nach dem exploit des letzten Romans, in dem der Dichter gelungener als je zuvor seine Mythen in Dichtung umgestaltet hatte,[29] mußte er sich erschöpft und verausgabt fühlen. Er zog daher die Bilanz seines Schaffens (Tg. 17. 11. 1949 und 26. 11. 1949) und sah sich plötzlich einer großen Leere gegenüber, so daß ein geringfügiger Anlaß genügte, um den seit seiner Jugend an Selbstmordgedanken Krankenden dem Tod in die Arme zu treiben.

---

[29] Es hieße allerdings das Werk Paveses einseitig auf diese formal vollendetste Dichtung festlegen, wollte man mit Franco Antonicelli (Le favole di Pavese, Il Ponte, Nov. 1950, S. 1408—1416; S. 1408) in «La luna e i falò» «il libro unico» erblicken. Der Zugang zu dem verquälten Verfasser des Tagebuchs und dem Selbstmörder Pavese, der ja schließlich die Oberhand behielt, bliebe verschlossen, wenn man die auch in künstlerischer Hinsicht gelungenen frühen Erzählungen, den «Carcere», die «Casa in collina» und die «Dialoghi con Leucò» aus den opera omnia des Dichters entfernen würde, abgesehen davon, daß auch die «bürgerliche» und «städtische» Linie in anderen Werken ihren umfassenden Ausdruck findet.

## DIE SÄULEN DES HERKULES

*Verrà la morte e avrà i tuoi occhi*

Für die Alten — man denke an die Odyssee — war der Westen das Land der Toten. (Vorwort zum Dialog «Der See»)
Du strebst nach der natürlichen Unbeweglichkeit, nach dem Schweigen, dem Tode. (Tagebuch, 9. 1. 1950)

Wie Paveses letzter Roman den mit den «Mari del Sud» eröffneten Bogen zu Ende führt, so schließt auch seine Liebe zu der amerikanischen Schauspielerin C. (Connie = Constance Dowling) sein Amerikaerlebnis.[1] Mit ihr wird der einst so verheißungsvolle Horizont der Neuen Welt zum lockenden Horizont des Todes: durch ihre Herkunft aus dem jenseits der Säulen des Herkules liegenden Land erscheint sie nicht nur als die Botin des Todes, sondern als la Morte selbst. Connie wirkt daher wie das auslösende Moment in einer durch ein ganzes Leben vorbereiteten Entwicklung.

Ehe im März 1950 die Krise in der Bekanntschaft mit dieser Frau eintrat, beschäftigte sich der Dichter besonders eingehend mit der Rolle des Schicksals. Er bemühte sich immer darum, die Menschen — und in erster Linie sich selbst — in ihren natürlichsten Momenten zu isolieren und ihr Schicksal herauszuschälen (Tg. 9. 1. 1950), und zeichnete sich dadurch einen Lebensweg vor, der ihm mit der Zeit unausweichlich scheinen mußte. Schicksal war für Pavese zwar «das Historische, ehe es verstanden wurde in seinen Zusammenhängen und in seiner Notwendigkeit-Freiheit» (Tg. 10. 1. 1950), aber paradoxerweise gestand er seiner eigenen Lebenskurve nur Notwendigkeit und Verhängnis zu. Ein Zustand der Verzagtheit wegen einiger negativer Urteile über den «Diavolo sulle colline», ein «Überdruß am Getanen, an den opera omnia», «ein Gefühl von Kränklichkeit, von körperlichem Verfall» (Tg. 14. 1. 1950) kamen hinzu, um aus der letzten Liebesleidenschaft des Dichters eine Frage von Sein oder Nichtsein zu machen. Was half es, daß er scharfsinnig Schicksal und Abergläubisches unterschied, daß er das Abergläubische als «die gekannte, daher falsche Mythizität» definierte, als die Grille, «sich als mythisches Schema zu sehen», obschon man weiß,

---

[1] Leslie A. Fiedler nennt sie «the final avatar of the dream of America with which he could never be done — the phantom he could not grasp» (Introducing Cesare Pavese, The Kenyon Review, Automn 1954, S. 536—553; S. 546).

«daß es das nicht ist und sich rationalistisch begreift» (Tg. 17. 1. 1950). Pavese ging mit geschlossenen Augen an der Tatsache vorüber, daß die «mythische Kadenz» seines schicksalhaften Lebens nicht zuletzt sein eigenes Werk war, daß er eben, indem er in sich einen «authentischen Mythos» (Tg. 30. 1. 1950) zu verwirklichen glaubte, immer mehr dem von ihm kritisierten Irrtum unterlag, «mit dem Willen Mythos zu machen» (Tg. 1. 2. 1950).

Man darf diese dauernde, ihn in allen spontanen Beschlüssen lähmende Beschäftigung Paveses mit dem Mythos nicht übersehen, wenn nicht der Selbstmord als bloßer Zufall erscheinen soll. Die aufmerksame Lektüre des Tagebuchs und der letzten Gedichte zeigt nämlich deutlich, daß der Lebensmüde seine letzte Liebe ganz unter dem Zeichen seines Schicksalglaubens und seiner eigenen Poetik sah. Die «phantastischen Beziehungen», die er zwischen sich und Connie herstellte, gestatteten es ihm, den Teppich seines Lebens sinnvoll zu Ende zu weben, aber sie waren eben auch die dünnen Fäden des feinmaschigen Netzes, in dem sich der Dichter rettungslos verstrickte.

Durch die Liebe zu Connie fühlte der Dichter sich auf frühere Positionen zurückgeworfen, aber andererseits stellte er fest, daß sich sein Zustand seit 1934 und 1938 sehr verschlechtert habe: «Damals raste ich irrsinnig, war aber nicht krank» (Tg. 6. 3. 1950). Er klagt über «Herzklopfen, Zittern, unendliches Sehnen» (Tg. 9. 3. 1950), und bald schon trübt die alte Angst des Provinzlers, er sei vielleicht das Opfer des Blendwerks einer anderen Welt, diese letzte Leidenschaft:

«Täusche ich mich nicht auf die alte Art, indem ich menschliche Werte verwechsle mit der einfachen Würze von Vornehmheit, glamour, Abenteuer, haut monde? Amerika selbst, seine ironische sanfte Rückkehr, tritt ein als menschlicher Wert, nicht wahr?» (Tg. 6. 3. 1950)

Ironisch ist diese Rückkehr Amerikas, nachdem Pavese doch 1947 verkündet hatte: «die Zeiten, wo wir Amerika entdeckten, sind vorüber».[2] Einen besseren Beweis für die ewige Wiederkehr des Vergangenen konnte es für den Dichter nicht geben. Connie ist aber noch mehr als das symbolisch verkörperte Amerika: in ihr taucht jene «Astarte-Aphrodite-Mèlita» (Tg. 27. 11. 1945) wieder auf, von der es in dem Zyklus «La terra e la morte» hieß:

«Sempre vieni dal mare
e ne hai la voce roca,
. . .»[3].

---

[2] Lett. americana, a. a. O., S. 189—192.

[3] Verrà la morte e avrà i tuoi occhi, a. a. O., S. 19.
Die Übersetzungen der italienischen Verse verzichten auf metrische Genauigkeit: «Immer kommst du vom Meer/ Und hast seine heisere Stimme».

Schon bei Bianca Garufi ging es Pavese nicht um eine Frau, sondern um die Frau (Tg. 27. 11. 1945), die am Vollzug seines Schicksals mitwirkte, als dessen entscheidende Marksteine ihm der 13. August 1937 (Nachmittag), der 25. September 1940 (Abend) und der 26. November 1945 (Nacht) erscheinen (Tg. 27. 11. 1945). Dieses von dem Dichter herausgearbeitete Crescendo der Tageszeiten und der Daten, wie auch das Interesse für die «sonderbaren Gleichzeitigkeiten, die psychologischen Knoten, die Kadenzen in einer Existenz» (Tg. 15. 2. 1950) erinnern geradezu an die Zahlenmystik des Novalis und an den Schicksalsglauben der Romantiker, so daß es nicht verwundert, daß gerade in diesen entscheidenden letzten Monaten von einem «wandepunkt» (sic!) die Rede ist (Tg. 6. 3. 1950).

Was konnte dem auf die «phantastischen Beziehungen» zwischen den Dingen und Gestalten bedachten Pavese näher liegen als die Identifikation seiner letzten Frauen mit Aphrodite, die ja auch «vom Meer gekommen» (Tg. 27. 11. 1945). Die letzten Seiten des Tagebuchs kommen mehrfach auf diese fast um fünf Jahre vorausliegende Eintragung zurück, denn nun weiß der Dichter: «Es ist sie, die vom Meer Gekommene» (Tg. 13. 8. 1950). Angesichts dieses Einbruchs einer göttlichen Macht stellt sich die Frage nach der Schuld nicht mehr. Connie, in deren Gestalt die Liebesgöttin in die Existenz des Dichters tritt, ist letztlich nur das Werkzeug der rätselhafen Aphrodite: «Und. auch sie endet auf dieselbe Art. Auch sie.Nun gut. Es sind Wellen dieses Meeres» (Tg. 14. 8. 1950). «Wellen dieses Meeres», das führt zurück auf den Dialog «Wellenschaum» in den «Gesprächen mit Leuko». Sappho, die sich aus Liebe zu einem von Aphrodite Beschenkten ins Meer stürzte, beschwört am Ende ihrer Zwiesprache mit der Nymphe Britomartis jene im Meer Geborene, «die keinen Namen hat, die unruhig Angstvolle, die still für sich lächelt».[4] Unter ihrem Zeichen stehen die letzten Tage des Dichters, denn wie er bekennt, ist Connie bei seinem letzten Schritt «nur ein Vorwand»: «Schuld ist, außer mir selbst, nur die 'unruhig Angstvolle, die still für sich lächelt'» (Tg. 16. 8. 1950). Noch kurz vor seinem Tod, als der Dichter zum letzten Mal einen Jahresabschluß macht, kehrt der Name der großen Liebesgöttin wieder, die für ihn freilich nicht «Göttin der glücklichen Fahrt» und «Hafengöttin» war, sondern «die Mordende» und die «Begrabende»:[5]

---

[4] Ich folge hier der Übersetzung von Ch. Birnbaum im Tagebuch (16. 8. 1950).

[5] Vgl. K. Kerényi: Die Mythologie der Griechen — Die Götter und Menschheitsgeschichten, Zürich 1951, S. 81.

«In meinem Leben bin ich verzweifelter und verlorener als damals. Was habe ich zustande gebracht? Nichts ... beim ersten Anflug der 'unruhig Angstvollen' bin ich wieder in den Flugsand gefallen.»

(Tg. 17. 8. 1950)

Die letzten Monate des Dichters waren mehr als die in geradezu hektischem Arbeitseifer verbrachten vorausgehenden Jahre seinem auf so schwankender Grundlage aufgebauten Leben gewidmet. Diesen «privaten» Charakter verraten auch die Gedichte des postumen Zyklus «Verrà la morte e avrà i tuoi occhi» (Der Tod wird kommen und wird deine Augen haben), der zwischen dem 11. März und 11. April 1950 entstand.

Trotz der von verschiedenen Kritikern gemachten Vorbehalte hinsichtlich des künstlerischen Wertes dieser nachgelassenen Anthologie, erlebte sie in wenigen Jahren mehrere Auflagen und einen Erfolg, wie er «Lavorare stanca» nie beschieden war. Pavese war inzwischen zu einer Sensation der Tages- und Wochenzeitungen geworden, und die wenigen autobiographischen Elemente der letzten Gedichte weckten die Neugierde des großen Publikums, das plötzlich in das Leben des so zurückhaltenden Dichters sogar eine Filmschauspielerin verwickelt sah, und sich für befugt hielt, nach der flüchtigen Lektüre des schmalen Bändchens über den «Fall Pavese» mitzureden.

Mag es auch unberechtigt scheinen, einen Dichter auf eine bestimmte Form festzulegen,[6] so ist es doch eine Tatsache, daß der zur Prosa hindrängende Langvers der ersten Anthologie mit ihren in eine zeitlose Landschaft hineingestellten schwerblütigen Gestalten, dem «mythischen» Stil Paveses besser entsprach als der abgerissene oder gleitende Kurzvers der beiden letzten Zyklen. Dies wird besonders deutlich, wenn man diese Gedichte mit dem in «Verrà la morte ...» aufgenommenen vierstrophigen Gedicht «La casa» (Das Haus) von 1940 vergleicht: es wirkt mit seinen Langversen und seinem dreimaligen Strophenanfang «Der einsame Mann ...» wie ein erratischer Block, neben dem sich manche Verse der letzten Gedichte wie abgetragenes Gelände ausnehmen. Das sonst so wache kritische Gewissen des Dichters scheint auf weite Strecken ausgeschaltet: allerdings werden dafür die Akzente und die Aussagen persönlicher. Der Zusammenbruch der stoischen und der misogynen Pose zeigt sich in dem geradezu zärtlichen Ton dieser letzten Gedichte, die wie ein Rückfall in das Jünglingsalter wirken, dem der

[6] Dies tut E. N. Girardi (a. a. O., S. 18): «... der Vers von «Lavorare stanca» mit seinem anapästischen Schritt, müd und eintönig wie der Gang der Bauern, war nicht dazu bestimmt, in die Kurzverse von «Verrà la morte» aufzusplittern, sondern sich auszuweiten und auszubreiten in die Prosa der Erzählungen und Romane.»

Dichter doch im Hochgefühl seiner schöpferischen Reife endgültig entronnen zu sein glaubte.[7]

Unter den zehn Gedichten des 1950 entstandenen Zyklus sind zwei in englischer Sprache abgefaßt: das erste «To C. from C.», das schon in den Initialen der beiden Namen die schicksalhafte Verflechtung der Liebenden zum Ausdruck bringt, und das letzte mit dem Titel «Last blues to be read some day». Der Dichter, der sich nun bei Selbstgesprächen auf englisch ausdrückte (Tg. 26. 3. 1950), gab auch den auf italienisch abgefaßten Gedichten zum Teil englische Titel: «In the morning you always come back», «You, wind of March», «The night you slept» und «The cats will know».

«Märzwind» könnte neben «Der Tod wird kommen» der Titel der Anthologie lauten, was schon in der ersten Zeile des Gedichts «You wind of March» zum Ausdruck kommt: «Sei la vita e la morte» — «Du bist das Leben und der Tod». Dieser Auftakt lehnt sich fast wörtlich an das 1945 entstandene «Sei la terra e la morte» an. «You wind of March» ist nichts weniger als Paveses Versuch einer «Vita nuova». Erscheint C. auch als «ein Mädchen, ein normales Mädchen» (Tg. 16. 3. 1950), der gegenüber er in die alte Problematik verfällt («Echomai ouch echo, Tg. 20. 3. 1950), so kommt sie ihm doch mit «unglaublicher Sanftheit» und «Worten der Hoffnung» (Tg. 16. 3. 1950) entgegen, als er den wohl infolge seiner sexuellen Hemmungen «schrecklichen Schritt» vollzog. So wird die nun nach Rom abgereiste Geliebte zum «Morgen» und zur «Morgenröte». Auch hier wird die Beziehung zu dem Gedicht «La terra e la morte» deutlich, wo es noch hieß:

«... Non vive
cosa che piu di te
sia remota dall'alba».[8]

Nun bringen hingegen die ersten Gedichte des letzten Zyklus' nach der winterlichen Erstarrung ein neues Verhältnis zur Wirklichkeit zum Ausdruck:

«You,
dappled smile
on frozen snows —

---

[7] Sergio Solmi (Pavese postumo) weist darauf hin, daß auch das rhythmische Schema der letzten Gedichte an eines der ersten Bildungserlebnisse Paveses, an die «Laus vitae» D'Annunzios erinnert (Lo Spettatore italiano, März 1950, S. 114—121; S. 115). — Bemerkenswerte Feststellungen über Paveses letzte Gedichte trifft auch Sergio Antonielli (Belfagor, 30. Nov. 1951).

[8] Verrà la morte, a. a. O., S. 22: «Es lebt/ kein Ding, das ferner als du/ der Morgenröte».

wind of March,
ballet of boughs
sprung on the snow,
. . .»[9]

Während «You, wind of March» von neuer Hoffnung spricht

«La speranza si torce,
e ti attende ti chiama.
Sei la vita e la morte.
Il tuo passo è leggero.»[10]

beschwört «Passerò per Piazza di Spagna» die künftige Erscheinung der Geliebten. Hier läßt das sonst Paveses ganzes Werk beherrschende mythische «in illo tempore» und die auf die Vergangenheit lauschende Gegenwart einmal hoffnungsvoller Zukunft Platz. Das ganze Gedicht ist im Futur abgefaßt, und Töne, wie wir sie bei dem Dichter nicht zu hören gewohnt sind, klingen an:

«. . .
I fiori spruzzati
di colori alle fontane
occhieggeranno come donne
divertite. Le scale
le terrazze le rondini
canteranno nel sole.
. . .»[11]

Es gibt wenige Stellen bei Pavese, die von ähnlicher Hoffnung durchtränkt sind: dieses geradezu jubelnde Ertönen Roms bleibt jedoch Illusion, wird nicht Besitz, bleibt holder Trug. Nach einem enttäuschenden Telephongespräch mit der in Rom weilenden Constance verliert Pavese aufs neue den Boden unter den Füßen. Das Erlebnis, das noch zwei Tage zuvor volles Vertrauen in die Zukunft weckte, entgleitet nun in die Vergangenheit. So steht das Gedicht «I mattini passano chiari / e deserti» schon wieder unter dem Zeichen eines geradezu elegischen «Einst und Jetzt». Gegenwart wird nun nicht mehr verstanden als glücklicher Besitz, sondern als schmerzvolles Sich-Hinbeugen über die eigene Vergangenheit. Die letzte der beiden Strophen mit ihren litaneiförmigen Anrufungen nimmt geradezu die Kadenz eines Gebetes an:

---

[9] Ebenda, S. 25.

[10] Ebenda, S. 33: «Die Hoffnung windet sich/ und erwartet und ruft dich./ Du bist das Leben und der Tod./ Dein Schritt ist sanft und leicht.»

[11] Ebenda, S. 34: «Die farbbesprengten/ Blumen an den Brunnen/ werden blinzeln wie amüsierte/ Frauen. Die Treppen,/ die Terrassen, die Schwalben/ werden in der Sonne singen.»

«. . . O luce,
chiarezza lontana, respiro
affannoso, rivolgi gli occhi
immobili e chiari su noi.
È buio il mattino che passa
senza la luce dei tuoi occhi.»[12]

Der Dichter hatte wirklich «Kohle im Leibe, Glut unter der Asche» (Tg. 27. 3. 1950), als sich angesichts der drohenden Daseinsverfinsterung dieser Aufschrei von ihm löste. Diese Verse sind bereits die letzten Zuckungen eines Menschen, der mit dem Leben abgerechnet hat. Trotz aller Versuche, dem Ende mit stoischer Gelassenheit entgegenzusehen, gestand er: «Man will sein, man will zählen, man will — wenn man sterben muß — sterben mit Wert, mit Geschrei, kurz — bleiben» (Tg. 23. 3. 1950). Jetzt — wie schon 1945 — ist sich Pavese darüber im klaren, daß der Ausgang seiner Leidenschaft nicht von einem Zufall abhing:

«Man tötet sich nicht aus Liebe für eine Frau. Man tötet sich, weil eine Liebe, irgend eine Liebe, uns in unserer Nacktheit enthüllt, in unserm Elend, unserer Wehrlosigkeit, unserm Nichts.» (Tg. 25. 3. 1950)

Das Gedicht «The night you slept» vom 4. April pendelt wieder auf die Position vom 3. Dezember 1945 zurück, und am 10. April ist dann «dem, der dich nicht mehr erhofft» (The cats will know) alle Zuversicht zerronnen.

Übersieht man nicht Paveses Schicksalsglauben mit seiner engen Verflechtung von Leben und Tod, so ist dieser schnelle Überschlag vom Morgen zur Nacht, vom Frühling zum Tod nicht überraschend. Für den Dichter war der Ausgang dieser letzten Liebe von Anfang an klar, sonst hätte er nicht schon am 22. März, kurz nach der Abreise Connies nach Rom, das Titelgedicht schreiben können, das durch seine Verschmelzung der Geliebten mit dem Tod den ganzen Zyklus verdüstert:

«Verrà la morte e avrà i tuoi occhi —
questa morte che ci accompagna
dal mattino alla sera, insonne,
sorda, come un vecchio rimorso
o un vizio assurdo. I tuoi occhi
saranno una vana parola,
un grido taciuto, un silenzio.
Così li vedi ogni mattina
quando su te sola ti pieghi
nello specchio. O cara speranza,
quel giorno sapremo anche noi
che sei la vita e sei il nulla.

Per tutti la morte ha uno sguardo.
Verrà la morte e avrà i tuoi occhi.
Sarà come smettere un vizio,
come vedere nello specchio
riemergere un viso morto,
come ascoltare un labbro chiuso.
Scenderemo nel gorgo muti.»[13]

In diesen Versen verdichtete sich Paveses persönlichster Schmerz zu gültiger Aussage, hier spricht einer, der von dem lockenden Bild der mordenden Aphrodite umstellt war und um die Herkunft des Eros aus dem Schoße der Dunkelheit wußte.

Das letzte Gedicht der Anthologie «Last blues to be read some day» mag man sich Connie in den Mund gelegt denken. Das fremde Idiom gab dem Dichter trotz der Schlichtheit dieser Verse neue Ausdrucksmöglichkeiten und erlaubte es ihm, seine Leidenschaft durch einen leicht mokanten sentimental-verharmlosenden Tonfall in eine zeitlose Ferne zu rücken. Nach dem Aufschrei einiger um wenige Tage vorausliegenden Aussagen haben diese gedämpften Rhythmen etwas von der Demut, mit der Pavese vier Monate später sein Leben beschloß:

«'T was only a flirt
you sure did know —
some one was hurt
long time ago.

All is the same
time has gone by —
some day you came
some day you'll die.

---

[12] Ebenda, S. 36 f.: «Oh Licht,/ ferne Helle, sehnsüchtiger/ Atem, wende uns deine/ hellen und reglosen Augen zu./ Dunkel ist der Morgen, der vergeht,/ ohne das Licht deiner Augen.»

[13] Ebenda, S. 29: Der Tod wird kommen und wird deine Augen haben —/ dieser Tod, der uns vom Morgen/ bis zum Abend begleitet, schlaflos,/ taub wie ein alter Zweifel/ oder ein sinnloses Laster. Deine Augen/ werden sein ein eitles Wort/ ein verschwiegener Schrei, ein Schweigen./ So siehst du sie jeden Morgen,/ wenn du allein dich im Spiegel/ über dich beugst. Oh teure Hoffnung,/ an jenem Tage wissen auch wir, daß du das Leben bist und auch das Nichts. — Für alle hat der Tod einen Blick,/ Der Tod wird kommen und wird deine Augen haben./ Es wird sein wie wenn man ein Laster ablegt/ wie wenn im Spiegel man/ ein totes Gesicht auftauchen sieht,/ wie Lauschen auf eine geschlossene Lippe./ Stumm werden wir in den Abgrund steigen.

Some one has died
long time ago —
some one who tried
but didn't know.»[14]

Die letzten Worte des Dichters stehen auf dem Umschlag einer Kopie der «Dialoghi con Leucò»:
«Ich verzeihe allen und bitte alle um Verzeihung.
Seid Ihr zufrieden?
Macht nicht zu viel Klatsch!»

Cesare Pavese

[14] Ebenda, S. 41.

# BIBLIOGRAPHISCHE HINWEISE


*Werke Paveses (in der Reihenfolge ihres Erscheinens):*

Lavorare stanca, 1936; neue, vermehrte Auflage 1943.
Paesi tuoi, 1941.
La spiaggia, 1942; Neudruck 1956.
Feria d'agosto, 1946.
Il compagno, 1947.
Dialoghi con Leucò, 1947.
Prima che il gallo canti (Il carcere, La casa in collina), 1949.
La bella estate (La bella estate, Il diavolo sulle colline, Tra donne sole), 1949.
La luna e i falò, 1950.

*Postum erschienen:*

Verrà la morte e avrà i tuoi occhi (La terra e la morte, Verrà la morte e avrà i tuoi occhi), 1951.
La letteratura americana e altri saggi, 1951.
Il mestiere di vivere (Diario 1935—1950), 1952.
Notte di festa, 1953.
C. Pavese — Bianca Garufi: Fuoco grande, 1959.

Sämtliche Werke des Dichters erschienen im Verlag Einaudi in Turin, abgesehen von der ersten Auflage der Anthologie «Lavorare stanca» (Solaria, Florenz 1936) und der ersten Auflage der Erzählung «La spiaggia» (Lettere d'oggi, Rom 1942).

*Übersetzungen Paveses aus dem Englischen und Amerikanischen:*

Sinclair Lewis: Il nostro signor Wrenn, Bemporad, Florenz 1931.
Herman Melville: Moby Dick, Frassinelli, Turin 1932.
Sherwood Anderson: Riso nero, Frassinelli, Turin 1932.
James Joyce: Dedalus, Frassinelli, Turin 1934.
John Dos Passos: Il 42° parallelo, Mondadori, Mailand 1935.
John Dos Passos: Un mucchio di quattrini, Mondadori, Mailand 1937.
Gertrude Stein: Autobiografia di Alice Toklas, Einaudi, Turin 1938.
Daniel Defoe: Moll Flanders, Einaudi, Turin 1938.
Charles Dickens: David Copperfield, Einaudi, Turin 1939.
Gertrude Stein: Tre esistenze, Einaudi, Turin 1940.
Herman Melville: Benito Cereno, Einaudi, Turin 1940.
George Macaulay Trevelyan: La rivoluzione inglese del 1688—89, Einaudi, Turin 1941.
Christopher Morley: Il cavallo di Troia, Bompiani, Mailand 1941.
William Faulkner: Il borgo, Mondadori, Mailand 1942.
Robert Henriques: Capitano Smith, Einaudi, Turin 1947.

*Folgende Werke erschienen in deutscher Übersetzung im Claassen Verlag Hamburg:*

La luna e i falò (Der junge Mond, 1954, übers. von Charlotte Birnbaum).
Il mestiere di vivere (Das Handwerk des Lebens — Tagebuch 1935—1950, 1956, übers. von Charlotte Birnbaum).
Dialoghi con Leucò (Gespräche mit Leuko, 1958, übers. von Catharina Gelpke).
In der Übertragung von C. Gelpke veröffentlichte bereits 1954 die Zeitschrift «Castrum Peregrini» (18. Heft) eine Auswahl der «Dialoghi».

*Pavese — Literatur:*

Im Text begnügte ich mich mit Hinweisen auf die Artikel und Aufsätze, denen ich Anregungen für meine Arbeit verdanke und die auch für die künftige Pavese-Forschung wichtige Ausgangspunkte darstellen werden.
Umfassendes bibliographisches Material gibt das «notiziario Einaudi (August 1952, S. 7—12), einige Ergänzungen A. Repetto als Anhang zu dem zitierten Aufsatz «Pavese, o della solitudine del personaggio» (Presenza, Aug./Sept. 1958, S. 38—44). Mehrere Monate nach Abschluß meiner Monographie (Okt. 1959) erschien Davide Lajolos Pavese-Biographie «Le vizio assurdo» (Mailand 1960). Eine Überarbeitung meines Textes wurde dadurch nicht erforderlich.

## NAMEN-VERZEICHNIS

FSC
www.fsc.org
MIX
Papier | Fördert
gute Waldnutzung
FSC® C083411

Kolibri 360 GmbH
Ferdinand-Jühlke-Straße 7
99095 Erfurt, Deutschland
produktsicherheit@kolibri360.de